Leitfäden der angewandten Informatik

Johannes Brauer
Datenhaltung in VLSI-Entwurfssystemen

Leitfäden der angewandten Informatik

Herausgegeben von

Prof. Dr. Hans-Jürgen Appelrath, Oldenburg
Prof. Dr. Lutz Richter, Zürich
Prof. Dr. Wolffried Stucky, Karlsruhe

Die Bände dieser Reihe sind allen Methoden und Ergebnissen der Informatik gewidmet, die für die praktische Anwendung von Bedeutung sind. Besonderer Wert wird dabei auf die Darstellung dieser Methoden und Ergebnisse in einer allgemein verständlichen, dennoch exakten und präzisen Form gelegt. Die Reihe soll einerseits dem Fachmann eines anderen Gebietes, der sich mit Problemen der Datenverarbeitung beschäftigen muß, selbst aber keine Fachinformatik-Ausbildung besitzt, das für seine Praxis relevante Informatikwissen vermitteln; andererseits soll dem Informatiker, der auf einem dieser Anwendungsgebiete tätig werden will, ein Überblick über die Anwendungen der Informatikmethoden in diesem Gebiet gegeben werden. Für Praktiker, wie Programmierer, Systemanalytiker, Organisatoren und andere, stellen die Bände Hilfsmittel zur Lösung von Problemen der täglichen Praxis bereit; darüber hinaus sind die Veröffentlichungen zur Weiterbildung gedacht.

Datenhaltung in VLSI-Entwurfssystemen

Von Priv.-Doz. Dr.-Ing. Johannes Brauer
Universität Siegen

Springer Fachmedien Wiesbaden GmbH 1990

Priv.-Doz. Dr.-Ing. Johannes Brauer

Geboren 1950 in Berlin, Studium der Elektrotechnik an der Technischen Universität Berlin (Diplom 1976), wiss. Angestellter im Großrechenzentrum für die Wissenschaft in Berlin (1976 bis 1978), wiss. Assistent an der Technischen Universität Berlin (1978 bis 1983), Promotion 1983 in Informatik, Hochschulassistent an der Universität–Gesamthochschule Siegen (1983 bis 1989), Habilitation im Fachgebiet Technische Informatik 1988, Lehrstuhlvertreter an der Universität Karlsruhe (Wintersemester 1988/89), Professurvertreter im Fachbereich Informatik der Universität Frankfurt seit 1989.

CIP-Titelaufnahme der Deutschen Bibliothek

Brauer, Johannes:
Datenhaltung in VLSI-Entwurfssystemen / von
Johannes Brauer.
  (Leitfäden der angewandten Informatik)
  ISBN 978-3-519-02498-9   ISBN 978-3-663-11986-9 (eBook)
  DOI 10.1007/978-3-663-11986-9

Gesamtherstellung: Zechnersche Buchdruckerei GmbH, Speyer
Umschlaggestaltung: M. Koch, Ostfildern 1 (Ruit)

Vorwort

Wesentliche Teile dieses Buches sind während meiner Tätigkeit als Hochschulassistent an der Universität Gesamthochschule Siegen entstanden und bildeten die Grundlage für die Erlangung der Venia legendi. Ich möchte an dieser Stelle meinen Gutachtern, Herrn Prof. Dr. Wojtkowiak und Herrn Prof. Dr. Wegner, sowohl für die Bereitschaft, die Arbeit zu begutachten, als auch für die zahlreichen Anregungen und Verbesserungsvorschläge für die Veröffentlichung als Buch herzlich danken. Letzteres gilt auch für die Herren aus dem Herausgeberkreis des Teubner–Verlags Prof. Dr. Appelrath, Prof. Dr. Waldschmidt und Prof Dr. Richter. Mein besonderer Dank gilt auch Frau Christiane Hamel-Siebdrat für die Eingabe des Manuskripts in das Textsystem, Herrn Friedhelm Meiß für die Anfertigung der Bilder, meinem Kollegen Dr. Ulrich Frank, der bei Problemen mit dem Textsystem jederzeit mit Rat und Tat behilflich war, sowie den zahlreichen Korrekturlesern aus dem Kollegen– und Bekanntenkreis.

Das Buch stellt den Versuch einer Zwischenbilanz der Forschung dar, die sich in den letzten Jahren mit den Problemen der Datenhaltung in CAD–Systemen für den Entwurf hochintegrierter Schaltungen auseinandergesetzt hat. Da diese Forschungsarbeiten andauern, kann es sich nur um eine Zwischenbilanz handeln, die vorzunehmen aber meiner Ansicht nach sinnvoll ist, da inzwischen eine große Vielfalt von Lösungsansätzen existiert, ohne daß schon erkennbar ist, welche sich in der Praxis letztlich als tragfähig erweisen werden.

Das Buch stellt weiterhin den Versuch dar, eine Grundlage für das gegenseitige Verständnis der beiden Entwicklergruppen zu legen, die zur Lösung der Probleme beitragen müssen, nämlich die Entwickler von Entwurfswerkzeugen einerseits und die Entwickler von Datenbanksystemen andererseits.

Diesem Ziel dienen insbesondere die beiden ersten Kapitel. Während im Kapitel 1 ein Überblick über die zu lösenden Probleme gegeben wird, gibt Kapitel 2 eine Einführung in die Repräsentation von Entwurfsdaten für integrierte Schaltungen in relationalen Datenbankschemata. Dabei wird zunächst das relationale Datenmodell sowie das Electronic Design Interchange Format [EDIF 1987] erläutert.

6

EDIF ist ein normiertes Datenaustauschformat für Entwurfsdaten elektronischer Schaltungen, das sich gut als Basis für eine Schemadefinition eignet.

Im dritten Kapitel werden die Anforderungen an ein Datenhaltungssystem, die sich aus der Sicht des Computer Aided Designs (CAD) im allgemeinen und des Entwurfs integrierter Schaltungen im besonderen ergeben, ausführlich behandelt. In Kapitel 4 werden einige Ansätze für Entwurfsdatenbanksysteme und bereits realisierte Systeme vorgestellt und dem Versuch einer Bewertung unterzogen.

Die Modellierung von VLSI–Entwurfsobjekten wird in Kapitel 5 unter verschiedenen Blickwinkeln betrachtet, da dieser Aspekt von zentraler Bedeutung ist, was auch in den in neueren Datenmodellen realisierten Konzepten zum Ausdruck kommt. Erwähnt seien an dieser Stelle nur die sogenannten objektorientierten Datenmodelle. Es werden die wichtigsten Modellierungskonzepte, die sich auf das relationale Datenmodell abstützen, vorgestellt. Die Schemadefinition auf der Basis genormter Schnittstellen wird diskutiert.

In Kapitel 6 wird die Methode der algebraischen Spezifikation abstrakter Datentypen vorgestellt und deren Anwendung auf die Spezifikation einer operationalen Datenbankschnittstelle für Entwurfswerkzeuge gezeigt. Hier wird versucht, einen Weg zu weisen, der zur Lösung des Problems der Integration von Werkzeugen in ein Entwurfsdatenhaltungssystem führen kann. Schließlich wird in Kapitel 7 auf einige neuere Entwicklungen und Tendenzen auf diesem sich schnell weiter entwickelnden Gebiet eingegangen.

Im Rahmen dieses Buches wird das Problem der Datenhaltung in CAD–Systemen für den Anwendungsfall des Entwurfs integrierter Schaltungen behandelt. Obwohl ähnliche Probleme bei anderen CAD–Systemen ebenfalls auftreten, ist diese Vorgehensweise aufgrund der besonderen Anforderungen an die Objektmodelle sinnvoll, die in den folgenden Kapiteln noch erläutert werden. Eine allgemeine Darstellung der Probleme nebst einigen Lösungsvorschlägen bei CAD–Datenbanksystemen ist z.B. in [Eberlein 1984] zu finden. Ein guter Überblick über Probleme und mögliche Lösungen bei der Konstruktion von Datenbanksystemen für nichtkonventionelle Anwendungen wird auch in [Härder, Reuter 1985] gegeben.

Siegen im März 1990   Johannes Brauer

Inhaltsverzeichnis

1 Einleitung

Die fortschreitende Entwicklung der Halbleitertechnik führt zu immer höheren
Integrationsdichten von integrierten Schaltungen. Dadurch ist es heute möglich,
Schaltungen sehr hoher Komplexität auf einem Chip zu realisieren. Dies erfordert aber eine durchgehende Rechnerunterstützung für alle Ebenen des Entwurfs
und für den Test. Die Entwurfsebenen sind durch den Detaillierungsgrad und den
Charakter der Beschreibung von Entwurfsobjekten gekennzeichnet. Dies reicht
von globalen Funktionsbeschreibungen in natürlicher Sprache über die Beschreibung von Register–Transfers in einer formalen Hardware–Beschreibungssprache
bis hin zum Entwurf der geometrischen Gestalt der Herstellungsmasken für eine
integrierte Schaltung. Auf jeder Entwurfsebene müssen geeignete Rechnerprogramme als Hilfsmittel (Werkzeuge) eingesetzt werden. Neben Werkzeugen für
die einzelnen Entwurfsebenen werden ebenenübergreifende synthetisierende und
analysierende Werkzeuge benötigt.

In diesem Kapitel soll nun zunächst ein Einblick in die Problematik der Datenhaltung in VLSI–Entwurfssystemen gegeben werden, die aus der Verwendung
verschiedener Werkzeuge, die mit verschiedenen Datenformaten für die Beschreibung von Entwurfsobjekten arbeiten, entsteht. Im zweiten Abschnitt soll dann
am Beispiel eines kommerziell verfügbaren CAD–Systems gezeigt werden, daß
diese Probleme von derartigen Systemen nur zu einem kleinen Teil gelöst werden und es soll herausgearbeitet werden, warum diese Systeme bezüglich der
Datenhaltung in der Regel als geschlossene Systeme anzusehen sind und welche
Konsequenzen sich daraus für Anwender und Werkzeugentwickler ergeben.

1.1 Probleme der Datenhaltung in CAD–Systemen

Die Entwurfsdaten werden von den einzelnen, den Entwurf unterstützenden Programmen in der Regel in Dateien abgelegt, deren Inhalt und Struktur auf die Erfordernisse des jeweiligen Programms zugeschnitten sind und von anderen Werkzeugen meist nicht verarbeitet werden können. Diese dateiorientierte separate
Datenhaltung der einzelnen Programme erschwert deren Zusammenführung zu

einem integrierten rechnergestützten Entwurfssystem. Unter einem integrierten System wollen wir hier verstehen, daß alle Werkzeuge auf verschiedenen Sichten eines gemeinsamen Datenbestandes arbeiten.

Die separate Datenverwaltung hat u.a. die folgenden Nachteile: In jedem Werkzeug muß eine Programmkomponente für die Datenverwaltung vorgesehen werden, was die Komplexität der Programme erhöht. Die Datenhaltung geschieht in der Regel unter Verwendung verschiedener Textformate, die von jedem Werkzeug, das mit diesen Daten arbeiten soll, analysiert, interpretiert und in eine programminterne Datenstruktur umgewandelt werden müssen. Ebenenübergreifende Werkzeuge müssen u.U. mehrere dieser Formate verarbeiten bzw. erzeugen können. Für "Fremdformate" sind Konvertierungsprogramme erforderlich. Redundanz der Entwurfsdaten ist bei der getrennten Datenverwaltung nicht zu vermeiden. Da diese Redundanz nicht zentral kontrolliert werden kann, ist die Sicherung der Konsistenz der Daten praktisch unmöglich. Partielle Konsistenzüberwachungen müssen durch spezielle Prüfprogramme durchgeführt werden.

In betrieblichen Informationssystemen hat eine ähnliche Situation zur Entwicklung und Einführung von Datenbanksystemen geführt. Es erscheint daher naheliegend, für die Lösung der Probleme der Datenhaltung in rechnergestützten Entwurfssystemen Datenbanksysteme zu benutzen. Damit könnten die Leistungen, die moderne Datenbanksysteme erbringen, wie Datenunabhängigkeit der Programme, Mehrbenutzerzugriff und -kontrolle, Konsistenzsicherung und Recovery-Techniken für die Entwurfsdatenhaltung nutzbar gemacht werden. Darüberhinaus würde die Software–Komplexität der Werkzeuge reduziert, da diese von Datenverwaltungsaufgaben befreit würden.

Es soll nicht unerwähnt bleiben, daß es durchaus integrierte CAD–Systeme für verschiedene Anwendungsbereiche gibt, u.a. auch für den Entwurf integrierter Schaltungen. Solche Systeme werden von verschiedenen Firmen angeboten. Es handelt sich dabei in der Regel um geschlossene Systeme, d.h. insbesondere, daß interne Schnittstellen dem Anwender nicht zur Verfügung stehen, um z.B. neue Werkzeuge in das System einzubinden. Man ist mit derartigen Systemen an den Leistungsumfang gebunden, den der Hersteller des Systems zur Verfügung stellt. Am Fortschritt auf dem Gebiet der Entwicklung von Entwurfsmethoden und -werkzeugen kann man nur insoweit teilhaben, als der Hersteller des CAD–Systems entsprechende Erweiterungen zur Verfügung stellt. Aus der Sicht des Werkzeugentwicklers sind derartige geschlossene Systeme deswegen wenig nützlich, weil hier neue Werkzeuge nicht im Kontext eines integrierten Entwurfssystem erprobt werden können. Da die Schnittstellen der Datenhaltungskomponenten in der Regel nicht verfügbar sind, können diese Werkzeuge auch nicht an sie angepaßt werden. Wir werden darauf im zweiten Abschnitt zurückkommen.

Eine Alternative wäre die Schaffung offener, integrierter CAD–Systeme. Hierfür ist neben der Lösung der bereits geschilderten Probleme der Datenhaltung die Vereinheitlichung der Schnittstellen notwendig. Das betrifft sowohl die operationale Werkzeugschnittstelle der Datenbasis als auch die Schnittstellen für den Datenaustausch zwischen verschiedenen Datenbasen. An beiden Problemen wird zur Zeit weltweit in zahlreichen Projekten sehr intensiv gearbeitet. Einige Systemkonzepte und Lösungsvorschläge für Einzelprobleme aus diesem Bereich sind bereits erarbeitet worden. Auf einige dieser Arbeiten werden wir noch zurückkommen.

Auch in der BRD beschäftigen sich verschiedene Gruppen mit Schnittstellenproblemen in CAD–Datenbanken. Im Arbeitskreis *Abstraktionsebenen und Schnittstellen*, der aus Vertretern verschiedener Forschungsinstitutionen bestand, wurde eine für alle Entwurfsebenen einheitliche Darstellung und Verarbeitung von Entwurfsdaten auf der Basis der Definition eines abstrakten Datentyps (IREEN) angestrebt [Weber 1986]. Im Arbeitskreis *Datenbasis* des Projekts E.I.S. [Schmid, Wojtkowiak 1986] wurde an einer VLSI-Entwurfsdatenbank auf der Basis eines kommerziellen Datenbanksystems (ORACLE) gearbeitet. Diese Arbeiten werden im Projekt *DASSY* (Datentransfer und Schnittstellen für offene, integrierte VLSI–Entwurfssysteme) [Wilkes 1989] fortgesetzt. Hier soll u.a. ein Datenhaltungssystem für ein VLSI-Entwurfssystem mit einer wohldefinierten, operationalen Schnittstelle für die Anbindung von Werkzeugen entwickelt werden.

Im Zusammenhang mit der integrierten Datenhaltung für CAD–Systeme wird sehr intensiv die Frage diskutiert, ob solche Systeme auf der Basis von verfügbaren, in der Regel für kommerzielle Anwendungen geschaffenen Datenbanksystemen realisiert werden können, oder ob es notwendig ist, hierfür Systeme, die speziell auf die Verwaltung von Entwurfsdaten zugeschnitten sind, zu entwickeln. Diese Frage ist mit dem heutigen Kenntnisstand nicht zu entscheiden. Dies gilt insbesondere deshalb, weil noch keine vergleichbaren Systeme beider Arten vorliegen, die für eine Bewertung der verschiedenen Ansätze herangezogen werden könnten.

Für die Verwendung verfügbarer Datenbanksysteme spricht zunächst, daß die bereits erwähnten "klassischen" Leistungen dieser Systeme, die auch in einer CAD–Umgebung nützlich und notwendig sind, nicht neu entwickelt und implementiert werden brauchen. Gegen die Verwendung von Datenbanksystemen werden zum einen Effizienzprobleme ins Feld geführt. Daß spezialisierte Systeme bei vergleichbarem Leistungsumfang schneller sind, müßte allerdings erst nachgewiesen werden. Zum anderen erscheinen die Datenmodelle herkömmlicher Datenbanksysteme für die Modellierung komplex strukturierter Entwurfsobjekte nicht als besonders gut geeignet. Es gibt aber bereits eine Reihe interessanter Ansätze, problemorientierte Objektmodelle auf das relationale Datenmodell abzubilden. Da sich aufgrund der Anforderungen verschiedener neuer Anwendungsgebiete auch die Datenbanktechnik hin zu mächtigeren Datenmodellen entwickelt, ist zu erwarten, daß in Zukunft Datenbanksysteme zur Verfügung stehen werden, die den Anforderungen von CAD–Systemen besser gerecht werden.

1.2   Kommerzielle CAD–Systeme für den Schaltungsentwurf

Das Entwurfssystem *Visula* der Firma Racal–Redac dient dem rechnergestützten Entwurf von elektronischen Schaltungen [Racal–Redac a] für die Realisierung auf Leiterplatten [Racal–Redac b]. Die Probleme bezüglich der Datenhaltung sind in Entwurfssystemen für gedruckte Schaltungen nicht wesentlich verschieden von denen in VLSI–Entwurfssystemen. Obwohl die Datenhaltung von den kommerziell verfügbaren Systemen natürlich durchaus unterschiedlich realisiert wird, sind die am Beispiel von Visula diskutierten Probleme in anderen Systemen dieser Art in ähnlicher Form anzutreffen. Deshalb soll dieses System im folgenden ausführlich vorgestellt werden.

Das Visula–System könnte man als halboffenes System bezeichnen, da es sowohl über extern zugängliche, wohldefinierte als auch über eine Reihe von internen, nicht zugänglichen Schnittstellen verfügt. Die Architektur von Visula zeigt Bild 1.1, das [Racal–Redac a] entnommen wurde. Es zeigt die wichtigsten Komponenten für den Schaltungsentwurf (*Circuit Design*), den Leiterplattenentwurf (*PCB Design*), die Logik- bzw. Schaltkreissimulation (*Circuit/Logic Simulator*) und die graphische Darstellung von Simulationsergebnissen (*Waveform Analysis*). Mit Hilfe des Moduls *Post-Design Processing* können Dateien für die Steuerung von

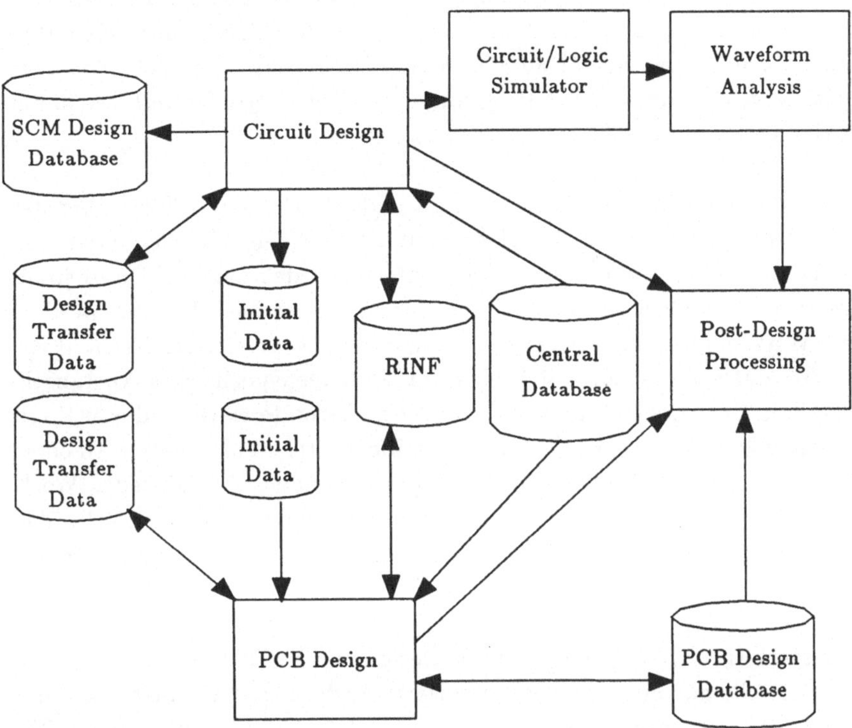

Bild 1.1: Architektur des Entwurfssystems Visula

Bohr- und Bestückungsautomaten erzeugt werden. Neben diesen rechteckig dargestellten Programmkomponenten zeigt das Bild mehrere durch Zylinder symbolisierte Datenbasen.

Bei der *Central Database* handelt es sich um das relationale Datenbanksystem *INFORMIX* der Firma Informix Software Inc. [Informix 1987 a,b]. Diese Datenbank ist aber keineswegs zentral in dem Sinne, daß hier alle Entwurfsinformationen abgelegt würden. Dies geschieht in verschiedenen Dateien, deren Struktur dem Benutzer nicht bekannt ist. Die Central Database enthält im Grunde nur die Bibliotheken der Standardbauteile, die der Anwender beim Schaltungsentwurf benutzen darf, sowie die Entwurfsregeln, die beim Entwurf des Leiterplatten-Layouts zu beachten sind. Auf die Central Database wird daher nur von den Komponenten Circuit Design und PCB Design zugegriffen.

INFORMIX bietet eine SQL–Schnittstelle (s. Kapitel 2), über die der Benutzer interaktiv den Inhalt der Datenbank abfragen oder modifizieren kann. Nur über diese Schnittstelle können neue Bauteile in eine Bibliothek eingefügt oder neue Bibliotheken angelegt werden. Die Programme von Visula greifen nur lesend auf die Central Database zu.

Der Datenaustausch zwischen Circuit Design und PCB Design erfolgt über das Textformat *RINF* (Racal–Redac Interface Format). RINF ist eine der erwähnten externen Schnittstellen, die in den Visula–Unterlagen definiert wird und somit dem Anwender zugänglich ist. Diese Schnittstelle könnte auch benutzt werden, um weitere Werkzeuge in das System einzubinden. Ein gravierender Nachteil von RINF ist aber darin zu sehen, daß es sich um ein firmenspezifisches Austauschformat handelt. Die Verwendung standardisierter Formate wäre an dieser Stelle sicherlich sinnvoll. Für die Werkzeugintegration besteht ein weiterer Nachteil von RINF darin, daß es sich um ein Textformat handelt, so daß jedes Werkzeug, das über diese Schnittstelle in das System eingebunden werden soll, über Programmkomponenten für die Analyse und die Erzeugung von RINF–Texten verfügen muß.

Auch die systemeigenen Werkzeuge Circuit Design und PCB Design sind über die RINF–Schnittstelle nur unzureichend integriert. Änderungen an einer Schaltung können zwar über einen sogenannten *Incremental RINF Output* an die PCB–Komponente übermittelt werden. Das geschieht aber allein in der Verantwortung des Entwerfers, es sind keine automatischen Konsistenzüberprüfungen vorgesehen. Rückübertragungen von technischen Änderungen am Leiterplatten–Layout zur Schaltungsentwurfskomponente (Back–Annotation) sind nichtmöglich.

Ein weiteres Beispiel einer aus Benutzersicht unzureichenden Werkzeugintegration ist die Schnittstelle zu den Simulatoren. Der Entwerfer kann die Simulatoren nur benutzen, wenn er deren Eingabeformate genau kennt. Vollständig integrierte Werkzeuge extrahierten hingegen die für die Simulation einer Schaltung notwendigen Informationen selbst aus der zentralen Datenhaltung. Eine derartige Werkzeuganbindung ist aber nur möglich, wenn der Zugriff auf die Programmquellen der Werkzeuge vorhanden ist. Da in Visula aber keine von Racal–Redac selbst entwickelten Simulatoren verwendet werden, ist dies hier wohl nicht der Fall.

Visula verfügt über weitere interne, nicht zugängliche Schnittstellen sowie Hilfsdatenbanken – sowohl relationale als auch nichtrelationale. Eine weitere relationale Datenbank ist z.B. die *SCM Design Database*. Diese Datenbank wird nur auf Anforderung durch den Benutzer erzeugt; hier können Informationen über einen Entwurf abgelegt werden, um anschließend mit Hilfe von INFORMIX den Inhalt anzuschauen oder Berichte anzufertigen. Eine anderweitige Verwendung der SCM Design Database ist nicht vorgesehen.

Insgesamt präsentiert sich die Datenhaltung von Visula dem Benutzer recht unübersichtlich und schwer durchschaubar. Dieses Urteil sagt allerdings nichts darüber aus, ob nicht ein geübter Anwender mit Visula effizient Schaltungen und Leiterplatten entwerfen kann. Die hier geäußerte Kritik ist mehr von einem systemorientierten Standpunkt zu sehen. Gemessen an den Anforderungen an ein integriertes Entwurfssystem, wie sie im Kapitel 3 formuliert werden, bleiben viele Wünsche offen, wobei anzumerken ist, daß es bis heute wohl kein System gibt, daß allen Anforderungen gerecht würde, zumal über die Anforderungen selbst und über die Methoden, sie zu erfüllen, durchaus noch sehr unterschiedliche Ansichten bestehen. Eine wichtige Anforderung ist z.B. die Unterstützung des Mehrbenutzerbetriebs, da man wohl davon ausgehen muß, daß komplexe Schaltungen heute von Gruppen von Entwerfern entwickelt werden. Vorkehrungen hierfür sind im Visula–System nicht erkennbar.

Zum Schluß noch einige Bemerkungen zu VLSI–Entwurfssystemen anderer Hersteller. Das Entwurfssystem *VENUS* der Firma Siemens, das in [Hörbst u.a. 1986] ausführlich beschrieben wird, ist ein typisches geschlossenes System, das die wesentlichen Werkzeuge von der Logikplaneingabe über die Layout–Generierung bis zur Fertigungs- und Prüfdatenerstellung enthält. Es kann nicht durch zusätzliche Werkzeuge ergänzt werden, die Realisierung der Entwurfsdatenhaltung bleibt für den Anwender unbekannt.

Die Firma Cadence stellt in ihrem Entwurfssystem *EDGE* ein sogenanntes *Design Framework* zur Verfügung, das eine fensterorientierte Benutzungsschnittstelle, eine einheitliche Datenbasis für alle Entwurfsebenen bzw. Werkzeuge und eine Sprachschnittstelle enthält, über die die Funktionalität des Entwurfssystems erweitert werden kann und die laut Herstellerangabe auch die Integration fremder Werkzeuge ermöglichen soll. Eine ähnliche Architektur besitzen die Systeme der Firma ES2, die unter dem Namen *SOLO* vertrieben werden.

2 Datenbankschemata für VLSI–Entwurfsdaten

Es ist ein wichtiges Anliegen dieses Buches, darzustellen, wie die aus der Datenbanktechnik bekannten Methoden auf die Probleme der Datenhaltung in VLSI–Entwurfssystemen angewendet werden können. Um sowohl Lesern, die mehr in der Datenbanktechnik zuhause sind, als auch denjenigen, die sich bisher vorwiegend mit den Problemen des VLSI–Entwurfs beschäftigt haben, einen einfachen Einstieg in das jeweils andere Gebiet zu ermöglichen, wird in diesem Kapitel zunächst eine Einführung in das relationale Datenmodell, dem wichtigsten in heute verfügbaren Datenbanksystemen benutzten Datenmodell, gegeben werden. Damit soll allerdings keineswegs gesagt sein, daß relationale Datenbanksysteme ohne weiteres auch für Entwurfsdatenbanken geeignet sind. Die Kenntnis des relationalen Modells ist aber auf jeden Fall auch für das Verständnis von sogenannten semantischen Datenmodellen, die häufig als besser geeignet angesehen werden, hilfreich. Auf das Problem der Wahl eines passenden Datenmodells werden wir aber in den folgenden Kapiteln noch ausführlich zurückkommen.

Im zweiten Abschnitt wird eine Einführung in das Electronic Design Interchange Format [EDIF 1987] gegeben, das einen guten Überblick über die im Entwurfsprozeß anfallenden Daten vermittelt. Sowohl die in den weiteren Kapiteln verwendeten Beispiele als auch die Datentypspezifikationen in Kapitel 6 basieren auf EDIF.

Im dritten Abschnitt schließlich soll beispielhaft ein relationales Datenbankschema für VLSI–Entwurfsdaten auf der Basis von EDIF erläutert werden, um die Darstellungen des ersten und zweiten Abschnitts zu vertiefen.

2.1 Einführung in das relationale Datenmodell

Die Grundlage für die Speicherung von Daten in einer Datenbank bildet das Datenmodell. Es legt fest, welche Arten von Datenstrukturen verwendet werden können, um Objekte der realen Welt zu modellieren. In herkömmlichen, in der Regel für die kommerzielle Datenverarbeitung geschaffenen Datenbanksystemen sind drei Datenmodelle vorherrschend: das hierarchische, das netzartige und das relationale Datenmodell (vgl. [Date 1977] oder [Schlageter, Stucky 1983]).

Das relationale Datenmodell, mit dem wir uns im folgenden ausschließlich beschäftigen wollen, ist 1970 von E. F. Codd in dem Aufsatz *A Relational Model of Data for Large Shared Databanks* [Codd 1970] eingeführt worden. Das Erscheinen dieses Aufsatzes hat ein Fülle von theoretischen Arbeiten ausgelöst, die sich mit der Theorie der Datenbanken im allgemeinen und des Relationenmodells im besonderen beschäftigen (vgl. z.B. [Maier 1983]). Der Grund dafür ist darin zu sehen, daß mit dem Relationenmodell erstmals ein mathematisch fundiertes Datenmodell definiert wurde. Mit den mathematischen Formalismen werden wir uns aber nicht im Detail beschäftigen sondern eine mehr intuitive Einführung geben, wofür sich das Relationenmodell aufgrund seiner einfachen Benutzerschnittstelle wiederum sehr gut eignet.

Relationen

Eine relationale Datenbank kann, vereinfacht gesprochen, als eine Sammlung von Tabellen aufgefaßt werden. Jede Tabelle enthält eine Menge von Objekten eines Typs. Ein Objekttyp wird in der Regel durch mehrere Attribute definiert. Die Attribute entsprechen den Spalten der Tabelle. Jedes Objekt wird durch eine Zeile der Tabelle – ein sogenanntes Tupel – eindeutig beschrieben. In Bild 2.1 ist eine Tabelle *Angestellte* mit den Attributnamen *Name, Abt-Nr, Gehalt* und *Anf-Ghlt* angegeben. Jede Zeile der Tabelle entspricht einem Objekt vom Typ *Angestellte*.

Angestellte	Name	Abt-Nr	Gehalt	Anf-Ghlt
	Meier	21	2000	1900
	Bauer	21	2100	1500
	Naumann	21	3200	2000
	Gustav	11	3100	1800
	Berger	11	2050	1500

Bild 2.1: Relation *Angestellte*

Jedem Attributnamen ist eine Menge von erlaubten Werten, die Wertebereich genannt wird, zugeordnet. Der Wertebereich des Attributs mit dem Namen *Abt-Nr* ist die Menge der Nummern der Abteilungen des betreffenden Unternehmens. Jede Zeile der Tabelle ist ein n–Tupel (n = Anzahl der Attribute) mit je einem Wert aus dem Wertebereich jedes Attributs. Die Zeilen der Tabelle insgesamt bilden eine Menge (eine Relation), d.h kein Tupel kommt mehrfach vor. Mathematisch gesprochen stellt eine Relation eine Teilmenge des kartesischen Produkts der Wertebereiche der ihr zugeordneten Attribute dar.

Eine relationale Datenbank besteht aus einer Menge von Relationen. Die Definitionen dieser Relationen, d.h. die Zuordnung der Attribute zu den Relationen und die Zuordnung der Wertebereiche zu den Attributnamen, bezeichnet man als relationales Schema. Wir wollen im folgenden relationale Schemata in der Weise angeben, daß wir hinter dem Namen einer Relation die in Klammern eingeschlossene Liste der Attributnamen angeben (s. Bild 2.2). Hinter jedem Attributnamen kann dann noch in eckigen Klammern die Bezeichnung des zugehörigen Wertebereichs erfolgen. Darauf werden wir aber in den meisten Fällen verzichten.

```
Angestellte (Name, Abt-Nr, Gehalt, Anf-Ghlt)
Abteilungen (Abt-Nr, Abt-Leiter)
```

Bild 2.2: Ein einfaches relationales Schema

Eine mögliche Ausprägung der im Schema von Bild 2.2 aufgeführten Relation *Abteilungen* ist in Bild 2.3 angegeben.

Abteilungen	Abt-Nr	Abteilung	Abt-Leiter
	21	Personal	Naumann
	11	Vertrieb	Gustav

Bild 2.3: Relation *Abteilungen*

Schlüssel

Da die Tupel einer Relation Elemente einer Menge sind, muß sichergestellt sein,
daß die Tupel innerhalb der Relation eindeutig sind. Dies erfordert häufig, daß
ein sogenanntes Schlüsselattribut hinzugefügt werden muß, das diese Eindeutigkeit garantiert. In unserer Relation *Angestellte* täte man dies etwa durch
Einführung eines Attributs *Personal-Nr*, während in der Relation *Abteilungen*
das Attribut *Abt-Nr* diesen Zweck bereits erfüllt. Das Attribut oder die Attri-
butkombination, durch deren Werte die Tupel einer Relation eindeutig identifiziert werden, bezeichnet man als Schlüssel oder Primärschlüssel der Relation.
Im Schema werden die Schlüsselattribute gewöhnlich unterstrichen dargestellt.
In Bild 2.4 ist ein entsprechend modifiziertes Schema angegeben.


```
Angestellte (Personal-Nr,Name, Abt-Nr, Gehalt, Anf-Ghlt)
Abteilungen (Abt-Nr, Abt-Leiter)
```

Bild 2.4: Schema mit Schlüsselattributen

Beziehungen

Bisher haben wir davon gesprochen, wie im relationalen Modell Objekttypen und
deren Ausprägungen dargestellt werden. Aus dem oben angegebenen Beispiel ist
aber bereits ersichtlich, daß auch Beziehungen zwischen Objekten verschiedenen
Typs implizit durch gemeinsame Attributwerte ausgedrückt werden können. Den
Tabellen der Relationen *Angestellte* und *Abteilungen* kann durch Vergleich der
Werte des Attributs *Abt-Nr* in beiden Relationen entnommen werden, welche
Angestellten in welcher Abteilung arbeiten.

Daneben kann es in einem relationalen Schema aber auch Relationen geben,
deren Tupel Beziehungen zwischen Objekten explizit wiedergeben. In diesem
Fall enthält die die Beziehung modellierende Relation die Schlüssel der an der
Beziehung beteiligten Objektrelationen als Attribute. Darüberhinaus können
noch weitere, die Beziehung näher charakterisierende Attribute vorhanden sein.

Um ein Beispiel zu geben, erweitern wir unser Schema um eine Relation *Ist-
beteiligt-an*, durch die ausgedrückt werden soll, welcher Angestellte an welchem

Projekt beteiligt ist. Zusätzlich soll angegeben werden, mit welchem Anteil der Arbeitszeit (in Prozent) diese Beteiligung stattfinden soll. In Bild 2.5 ist das entsprechend erweiterte Schema sowie eine mögliche Ausprägung der Relation *Ist-beteiligt-an* angegeben.

```
Angestellte        (Personal-Nr,Name, Abt-Nr, Gehalt,
                    Anf-Ghlt)
Abteilungen        (Abt-Nr, Abt-Leiter)
Projekte           (Projekt-Nr,Projekt-Name, Projekt-Leiter)
Ist-beteiligt-an   (Personal-Nr, Projekt-Nr,
                    Arbeitszeitanteil)
```

Ist-beteiligt-an	Personal-Nr	Projekt-Nr	Arbeitszeitanteil
	1245	P-1	50
	1245	P-2	50
	1115	P-2	70
	1115	P-3	30
	1315	P-2	70
	1315	P-1	30
	1135	P-3	100
	2117	P-3	15
	2117	P-2	85

Bild 2.5: Schema mit Beziehungsrelation

Auf die Angabe einer Ausprägung der Relation *Projekte* sowie der Erweiterung der Tabelle für die Relation *Angestellte* um das Attribut *Personal-Nr* wurde hier verzichtet.

Der Schlüssel der Relation *Ist-beteiligt-an* besteht aus der Kombination der beiden Schlüsselattribute der an der Beziehung beteiligten Relationen *Angestellte* und *Projekte*.

Normalformen

Die Relationen einer relationalen Datenbank nach Codd müssen sich immer in
erster Normalform befinden. Das ist dann der Fall, wenn die Werte der Wertebereiche aller Attribute atomar, d.h. keine Listen, Mengen oder auf andere Art
zusammengesetzte Werte sind. Die Definition von *atomar* ist allerdings anwen-
dungsabhängig. Ob beispielsweise die Geburtsdaten von Angestellten durch die
drei Attribute *Geb-Tag*, *Geb-Monat* und *Geb-Jahr* modelliert werden oder durch
ein Attribut *Geb-Datum*, dessen Wertebereich aus Zeichenketten bestünde, die
jeweils ein vollständiges Geburtsdatum angeben, hängt davon ab, welche Form
für die Anwendungsprogramme, die mit den Daten arbeiten sollen, günstiger ist.
Die Definition, daß ein Wert dann nichtatomar ist, wenn Anwendungen vorwiegend mit Teilen des Wertes arbeiten, kann als Richtschnur angesehen werden.
Auf die Problematik der Definition von atomaren Wertebereichen in relationalen
Schemata für den VLSI–Entwurf werden wir in Kapitel 3 noch zurückkommen.

Die zweite und dritte Normalform dienen dazu, unerwünschte Anomalien beim
Einfügen, Ändern und Löschen von Tupeln in Relationen sowie Datenredun-
danzen zu vermeiden. Im folgenden soll lediglich noch die zweite Normalform
erläutert werden. Bezüglich der dritten und weiterer Normalformen sei hier auf
die einschlägige Literatur verwiesen (z.B. [Maier 1983]).

Ein Relation R ist in zweiter Normalform, wenn sie in erster Normalform ist und
jeder Nichtschlüssel–Wertebereich nur vom gesamten Schlüssel der Relation und
nicht von einer Teilmenge des Schlüssels funktional abhängig ist.

Die in Bild 2.6 dargestellte Relation *Proj-Mat-1* enthält Informationen darüber,
in welchen Projekten (repräsentiert durch die Attribute *Proj-Nr, Proj-Name,
Proj-Leiter*) welche Teile in welcher Menge verwendet werden.

Proj-Mat-1	Teile-Nr	Proj-Nr	Proj-Name	Proj-Leiter	Menge
	124	P-1	Wudu	Gustav	150
	115	P-2	Nohau	Becker	70
	135	P-2	Nohau	Becker	270
	113	P-3	Wozu	Berger	125
	217	P-3	Wozu	Berger	15

Bild 2.6: Relation *Proj-Mat-1*

Der Schlüssel dieser Relation besteht aus den Attributen *Teile-Nr* und *Proj-Nr*. Es bestehen folgende funktionale Abhängigkeiten:

$$\begin{array}{lll}
\text{Menge} & \text{von} & \text{(Teile-Nr, Proj-Nr)} \\
\text{Proj-Name} & \text{von} & \text{Proj-Nr} \\
\text{Proj-Leiter} & \text{von} & \text{Proj-Nr}
\end{array}$$

Die beiden letzten Abhängigkeiten verletzen die Regel für die zweite Normalform, da die Nichtschlüsselattribute *Proj-Name* und *Proj-Leiter* von einem Teil des Schlüssels, nämlich dem Attribut *Proj-Nr* funktional abhängig sind. Dies ruft die folgenden Anomalien hervor:

a) Einfüge–Anomalie: Information über neue Projekte kann nicht gespeichert werden, solange sie keine Teile verwenden.

b) Lösch–Anomalie: Verwendet ein Projekt nur ein bestimmtes Teil, so hat das Löschen der Information über dieses Teil zur Folge, daß auch die letzte vorhandene Information über das Projekt gelöscht wird, wohingegen vorhergehende Löschungen diesen Effekt nicht hatten.

c) Änderungs–Anomalie: Bei bestimmten Änderungen an der Information über ein Projekt, z.B. der Änderung des Namens des Projektleiters, muß diese Änderung mehrmals in der Relation durchgeführt werden.

Die Überführung einer Relation in die zweite Normalform erfordert, daß die die zweite Normalform verletzenden Wertebereiche aus ihr entfernt werden und eine zweite Relation definiert wird, die genau diese Attribute zusammen mit dem Teil des Schlüssels, von dem sie funktional abhängig sind, enthält. Für die Relation *Proj-Mat-1* bedeutet dies, daß die Attribute *Proj-Name* und *Proj-Leiter* entfernt werden und eine Relation mit diesen beiden Attributen und dem Attribut *Proj-Nr* als Schlüssel definiert wird. Diese neue Relation entspricht genau der im Schema von Bild 2.5 angegebenen Relation *Projekte*. Bild 2.7 zeigt die Relationen *Proj-Mat-2* und *Projekte*, die sich nun in zweiter Normalform befinden.

Proj-Mat-2	Teile-Nr	Projekt-Nr	Menge
	124	P-1	150
	115	P-2	70
	135	P-2	270
	113	P-3	125
	217	P-3	15

Projekte	Projekt-Nr	Projekt-Name	Projekt-Leiter
	P-1	Wudu	Gustav
	P-2	Nohau	Becker
	P-3	Wozu	Berger

Bild 2.7: Relationen *Proj-Mat-2* und *Projekte* in 2. Normalform

Operationen auf Relationen

In [Codd 1970] und [Codd 1971c] werden die Operationen der Relationenalgebra definiert, die die Grundlage jeder Abfrage- und Manipulationssprache für das relationale Modell bilden. Die wichtigsten seien hier kurz erläutert.

Da Relationen Mengen sind, werden die Mengenoperationen *Vereinigung, Durchschnitt* und *Differenz* auch für Relationen eingeführt. Voraussetzung dafür, daß diese binären Operationen auf zwei Relationen ausführbar sind, ist, daß beide Relationen über den gleichen Wertebereichen definiert sind. Wenn für zwei Relationen r und s diese Voraussetzung erfüllt ist, enthält die Relation $r \cap s$ alle Tupel, die sowohl in r als auch s enthalten sind. Die Relation $r \cup s$ enthält die Tupel, die in r oder in s enthalten sind. Die Relation $r \setminus s$ schließlich enthält die Tupel, die in r aber nicht in s enthalten sind. Als Beispiel betrachten wir zwei Relationen r und s, die über den Wertebereichen A, B und C definiert sind. In Bild 2.8 ist eine Ausprägung dieser beiden Relationen angegeben.

r	A	B	C
	a_1	b_1	c_1
	a_1	b_2	c_1
	a_2	b_1	c_2

s	A	B	C
	a_1	b_2	c_1
	a_2	b_2	c_1
	a_2	b_2	c_2

Bild 2.8: Ausprägungen der Relationen r und s

Zu beachten ist, daß es sich in diesem Fall bei A, B und C um Namen von Wertebereichen und nicht um Attributnamen handelt. Entscheidend für die Ausführung der Mengenoperationen ist, daß die beteiligten Relationen über den gleichen Wertebereichen definiert sind, die Namen der Attribute dürfen durchaus unterschiedlich sein.

Bild 2.9 zeigt das Ergebnis der Operationen $r \cap s$, $r \cup s$ und $r \setminus s$.

$r \cap s$	A	B	C
	a_1	b_2	c_1

$r \cup s$	A	B	C
	a_1	b_1	c_1
	a_1	b_2	c_1
	a_2	b_1	c_2
	a_2	b_2	c_1
	a_2	b_2	c_2

$r \setminus s$	A	B	C
	a_1	b_1	c_1
	a_2	b_1	c_2

Bild 2.9: Die Relationen $r \cap s$, $r \cup s$ und $r \setminus s$

Die drei folgenden Operationen *Selektion, Projektion* und *Verbund* sind im Gegensatz zu den allgemeinen Mengenoperationen spezifisch für Relationen.

Die *Selektion* ist eine unäre Operation auf Relationen, die, angewendet auf eine Relation r, eine neue Relation r' liefert, die eine Teilmenge von r ist und deren Tupel in einem bestimmten Attribut einen bestimmten Wert aufweisen. Sei X ein Wertebereich der Relation r, α ein beliebiger Wert aus diesem Wertebereich und θ aus der Menge der Vergleichsoperatoren $\{=, <, >, \leq, \geq, \neq\}$, dann versteht man unter der Selektion von r auf einem Wertebereich X:

$$sel_{X\theta\alpha}(r) = \{t \in r \mid t(X)\,\theta\,\alpha\}$$

Dabei bezeichnet $t(X)$ den Wert des Tupels t bezüglich des Wertebereichs X. Sollen z.B. alle Tupel der in Bild 2.8 angegebenen Relation r selektiert werden, die im Wertebereich C den Wert c_2 aufweisen, müßte die Selektion

$$sel_{C=c_2}(r)$$

ausgeführt werden. Das Ergebnis wäre die Relation mit dem einzigen Tupel (a_2, b_1, c_2).

Während durch die Selektion eine Teilmenge der Zeilen (Tupel) einer Relation gebildet wird, erhält man durch eine *Projektion* eine Teilmenge der Spalten (Attribute). Bei der Projektion werden also bestimmte Spalten aus der Relation ausgewählt und dadurch eventuell entstehende doppelte Zeilen entfernt. Sei X eine Teilmenge der Attribute der Relation r, dann ist die Projektion von r auf X folgendermaßen definiert:

$$proj_X(r) = \{t(X) \mid t \in r\}$$

Dabei ist $t(X)$ ein Tupel über den Wertebereichen von X. Die Projektion der Relation s aus Bild 2.8 auf den Wertebereich B ergibt eine Relation mit einem einzigen Wertebereich B und dem einzigen Tupel (b_2).

Der *Verbund (Join)* ist eine binäre Operation für die Verknüpfung zweier Relationen. Für die Erläuterung wollen wir auf die Relationen *Angestellte* (Bild 2.1) und *Abteilungen* (Bild 2.3) zurückgreifen. Aus diesen beiden Relationen soll eine neue Relation S berechnet werden, in der der Name jedes Angestellten mit dem seines Abteilungsleiters kombiniert wird. Als Ergebnis des Verbunds dieser beiden Relationen bezüglich des Attributs *Abt-Nr* erhalten wir zunächst eine Relation T mit allen Attributen der Relationen *Angestellte* und *Abteilungen*, wobei das gemeinsame Attribut *Abt-Nr* aber nur einmal auftaucht. Die Tupel dieser Relation entstehen durch Aneinanderreihung der Tupel aus den Relationen *Angestellte* und *Abteilungen*, die im Attribut *Abt-Nr* den gleichen Wert aufweisen. Das Ergebnis dieser Verbundoperation ist in Bild 2.10 dargestellt.

T	Name	Abt-Nr	Gehalt	Anf-Ghlt	Abteilung	Abt-Leiter
	Meier	21	2000	1900	Personal	Naumann
	Bauer	21	2100	1500	Personal	Naumann
	Naumann	21	3200	2000	Personal	Naumann
	Gustav	11	3100	1800	Vertrieb	Gustav
	Berger	11	2050	1500	Vertrieb	Gustav

Bild 2.10: Verbund der Relationen *Angestellte* und *Abteilungen* bezüglich des Attributs *Abt-Nr*

Da für die gewünschte Relation S die Attribute *Abt-Nr*, *Gehalt*, *Anf-Ghlt* und

Abteilung nicht erforderlich sind, führt man anschließend eine Projektion von T auf die Attribute *Name* und *Abt-Leiter* durch und erhält somit die in Bild 2.11 dargestellte Relation S.

S	Name	Abt-Leiter
	Meier	Naumann
	Bauer	Naumann
	Naumann	Naumann
	Gustav	Gustav
	Berger	Gustav

Bild 2.11: Projektion des Verbunds der Relationen *Angestellte* und *Abteilungen* auf die Attribute *Name* und *Abt-Leiter*

Allgemein versteht man unter einem Verbund der Relationen r auf ihrem Wertebereich A und der Relation s auf ihrem Wertebereich B:

$$join_{A\theta B}(r,s) = \{t \circ u \mid t \in r \wedge u \in s \wedge t(A)\,\theta\,u(B)\}$$

Dabei ist $t \circ u$ die Aneinanderreihung der Tupel t und u. Vorausgesetzt wird, daß die Werte der Wertebereiche A und B bezüglich des Operators θ vergleichbar sind.

Abfrage– und Manipulationssprachen

Üblicherweise werden von relationalen Datenbanksystemen dem Benutzer Abfrage- und Manipulationssprachen zur Verfügung gestellt, die wesentlich leichter zu handhaben sind als die Relationenalgebra. Das Ergebnis einer Abfrage oder Manipulation ist dabei immer eine Relation, die durch Angabe gewünschter Eigenschaften spezifiziert wird. Die wohl am weitesten verbreitete Sprache dieser Art ist SQL (Structured Query Language) [Denny 1977], eine auf dem Relationenkalkül [Codd 1971a] basierende Datenmanipulationssprache. In SQL beschreibt der Anwender eine Relation durch Angabe von Prädikaten, denen die Tupel dieser Relation genügen müssen. Die Prädikate beziehen sich auf Attribute von vorhandenen Relationen. In den folgenden Beispielen soll zunächst die Abfragekomponente von SQL erläutert werden. Durch die SQL–Anweisung

```
SELECT Name, Gehalt
FROM    Angestellte
WHERE   Abt-Nr = 21
```

wird eine Relation mit den Attributen *Name* und *Gehalt* erzeugt. Die Tupel
werden der Relation *Angestellte* entnommen und zwar genau diejenigen, die im
Attribut *Abt-Nr* den Wert 21 haben. Die Ergebnisrelation enthält demnach die
Tupel (Meier, 2000) und (Bauer, 2100). Durch diese SQL–Anweisung werden
sowohl eine Selektion als auch eine Projektion auf der Relation *Angestellte* ausgeführt.

Die folgende SQL–Anweisung berechnet die bei der obigen Erläuterung der Verbundoperation benutzte Relation S (Bild 2.11):

```
SELECT Name, Abt-Leiter
FROM    Angestellte, Abteilungen
WHERE   Angestellte.Abt-Nr = Abteilungen.Abt-Nr
```

Mit der Datenmanipulationskomponente von SQL ist es möglich, Tupel in Relationen einzufügen, aus Relationen zu löschen oder einzelne Attributwerte von
Tupeln zu verändern. Durch die SQL–Anweisung

```
UPDATE Angestellte
SET Gehalt = Gehalt + 100
WHERE   Abt-Nr = 21
```

wird das Gehalt der Angestellten von Abteilung 21 um 100 erhöht.

Schließlich besitzt die Sprache SQL auch eine sogenannte Datendefinitionskom-
ponente, die im wesentlichen dazu dient, neue Relationen zu definieren und zwar
durch Angabe von Namen und Datentyp ihrer Attribute. Um unsere Beispielre-
lation *Angestellte* zu definieren, könnte die folgende SQL–Anweisung verwendet
werden:

```
CREATE TABLE Angestellte
        (Name      CHAR(32),
         Abt-Nr    NUMBER(4),
         Gehalt    NUMBER(6),
         Anf-Ghlt  NUMBER(6))
```

Damit ist die Einführung in das relationale Modell abgeschlossen. Der weitergehend interessierte Leser sei auf die zu diesem Thema reichlich vorhandene einschlägige Literatur verwiesen. Die hier dargestellten Aspekte genügen jedoch für das Verständnis der in den folgenden Kapiteln diskutierten VLSI–Datenmodelle und VLSI–Schemata.

2.2 Einführung in das Electronic Design Interchange Format

Da komplexe elektronische, insbesondere digitale Schaltungen heute nur noch mit Unterstützung durch rechnergestützte Systeme entworfen, hergestellt und getestet werden können, besteht die Notwendigkeit, Beschreibungsinformationen über Schaltungen in einer maschinenlesbaren Form zur Verfügung zu haben. Diese Informationen können sehr unterschiedlicher Natur sein, z.B. graphische Darstellungen des Schaltschemas, Netzlisten und Bausteinmodelle für Simulatoren, Layouts für gedruckte Schaltungen oder integrierte Schaltkreise.

In CAD–Systemen werden nun intern die unterschiedlichsten Formate für die Darstellung derartiger Informationen verwendet, die sich von Hersteller zu Hersteller mehr oder weniger stark voneinander unterscheiden. Daneben gibt es seit einiger Zeit für bestimmte Informationsarten auch Beschreibungsformate, die sich durch ihre weite Verbreitung als eine Art Standard durchgesetzt haben. Ein bekanntes Beispiel ist die Layout–Beschreibungssprache CIF (Caltech Intermediate Form) [Mead, Conway 1980]. Der Nachteil von CIF und auch anderer industriell verwendeter Beschreibungsformate ist, daß sie nur eine Teilsicht des Entwurfs zu beschreiben gestatten, so daß trotz dieser mehr singulären Bemühungen, weiterhin häufig große Schwierigkeiten bestehen, Entwurfsinformationen zwischen verschiedenen CAD–Systemen oder zwischen Entwerfern und Herstellern elektronischer Schaltungen auszutauschen.

Um nun diese Probleme zu lösen, hat sich etwa seit 1983 eine Gruppe von Firmen
– sowohl Halbleiterhersteller als auch Systemhäuser – in den USA zusammenge-
funden und einen Vorschlag für ein vereinheitlichtes Datenaustauschformat für
Entwürfe von elektronischen Schaltungen entwickelt. Die erste Version dieses
Electronic Design Interchange Format (EDIF) wurde im März 1985 veröffent-
licht. Die zur Zeit gültige Version 200 ist in [EDIF 1987] beschrieben. Seit
März 1988 ist EDIF ein ANSI-Standard. Einführende Darstellungen sind u.a.
in [Eurich 1986] und [Nebel 1986] zu finden.

EDIF zeichnet sich dadurch aus, daß die Schaltungsbeschreibung auf verschiedenen Ebenen – von verhaltensorientierten Beschreibungen über graphisch dargestellte Schaltschemata und Netzlisten bis hin zu Layout-Beschreibungen für
gedruckte Schaltungen oder Masken für die Herstellung integrierter Schaltungen
– erfolgen kann. Auch die Dokumentation einer Schaltung kann in EDIF geschrieben werden. Obwohl man davon ausgehen kann, daß EDIF-Dateien nur
maschinell erzeugt bzw. verarbeitet werden, sind sie durchaus auch für Menschen
lesbar. Eine EDIF-Datei enthält ausschließlich druckbare ASCII-Zeichen.

Gegenwärtig werden in EDIF drei sogenannte *Level* unterschieden, die sich hinsichtlich der semantischen Mächtigkeit der verwendbaren Konstrukte unterscheiden. Auf dem Level 0 dürfen zur Angabe von Werten aller Art nur Konstanten
benutzt werden, auf dem Level 1 darüberhinaus auch Variablen und Ausdrücke.
Auf dem Level 2 schließlich ist die Verwendung von Kontrollstrukturen, wie Ver-
zweigungen und Iterationen, erlaubt. Die folgenden Ausführungen beziehen sich
ausschließlich auf Level 0.

Die Struktur einer EDIF-Datei

In EDIF wird eine an die Programmiersprache LISP angelehnte Syntax verwendet. Jedes EDIF-Konstrukt beginnt mit einer öffnenden Klammer, gefolgt
von einem Schlüsselwort (*Keyword*), gefolgt von einer je nach EDIF-Konstrukt
variierenden Anzahl syntaktischer Elemente und einer schließenden Klammer.
Diese Elemente können Zahlenwerte, Zeichenketten, Objektbezeichner oder andere EDIF-Konstrukte sein, wodurch eine geschachtelte Struktur von EDIF-
Konstrukten entsteht. Ein vollständiger EDIF-Text besteht letztlich aus einem
einzigen geschachtelten Klammerausdruck, wobei das Schlüsselwort des äußer-
sten Klammernpaars *edif* lautet. Die Struktur einer EDIF-Datei ist in Bild 2.12
dargestellt, das [UKEDIFSP 1988] entnommen wurde.

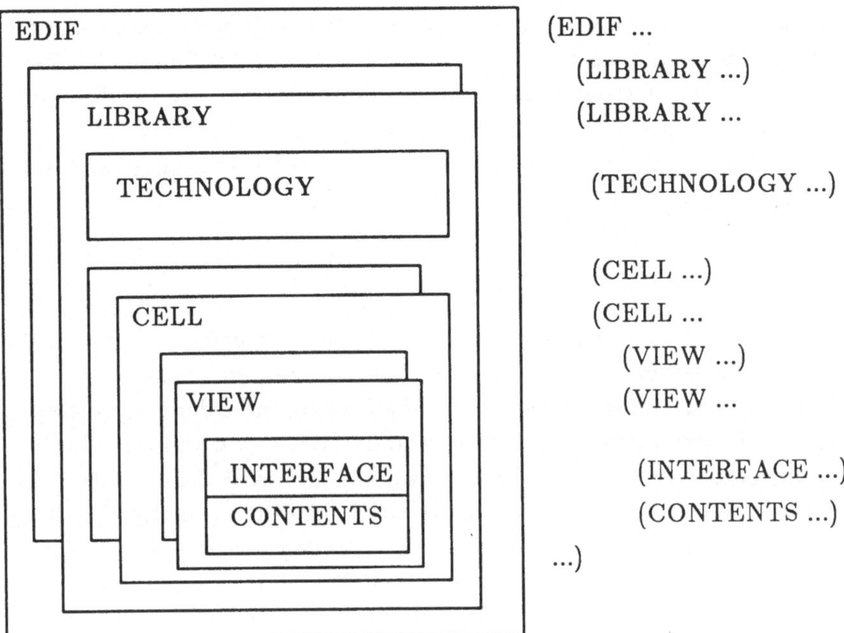

Bild 2.12: Die Struktur einer EDIF–Datei

Jede EDIF–Datei enthält eine oder mehrere Bibliotheken (*library*), in denen die Definitionen von Zellen (*cell*) enthalten sind. Die Zellen sind die eigentlichen Träger der Entwurfsinformation. Hier werden die Bausteine einer Schaltung definiert und letztlich auch die vollständige Schaltung selbst, denn in EDIF sind Entwürfe hierarchisch aufgebaut. Das bedeutet, daß Zellen in der Regel unter Verwendung bereits definierter Zellen entworfen werden. Neben den Zelldefinitionen enthält eine Bibliothek auch sogenannte Technologieinformationen (*technology*). Hier können Festlegungen über Maßeinheiten, Leiterbahnbreiten, Maskendefinitionen oder ähnliches, die für alle Zellen einer Bibliothek gelten sollen, getroffen werden.

Die bereits erwähnte Möglichkeit, daß Schaltungen auf verschiedenen Entwurfsebenen oder unter verschiedenen Sichten beschrieben werden können, drückt sich in dem EDIF–Konstrukt *view* aus. Es gibt eine festgelegte Menge von View-Typen, z.B. *Netlist* oder *MaskLayout*. Jede Zelle kann mehrere *views* besitzen.

Die Beschreibung des Views einer Zelle gliedert sich in die Schnittstelle (*interface*) und den Inhalt (*contents*). Die Schnittstelle enthält die Informationen, die für die Benutzung dieser Zelle als Baustein in einer anderen zu definierenden Zelle notwendig sind. In einer Layout–Beschreibung könnte dies z.B. die Beschreibung der Lage der Bausteinanschlüsse sein. Der Inhalt einer Zelle ist die Beschreibung der inneren Struktur eines Bausteins. Die Gestalt dieser Beschreibung hängt sehr stark vom View–Typ ab.

View–Typen

Zur Zeit sind in EDIF zehn verschiedene View–Typen vorgesehen, die die beim Entwurf üblicherweise vorhandenen Beschreibungsformen von Schaltungen widerspiegeln sollen. Das *Netlist*–View wird für die Beschreibung der Konnektivität einer Zelle, d.h. für die Aufzählung der verwendeten Bausteine und ihrer Verbindungen untereinander, verwendet. Im *Schematic*–View wird das Schaltschema einer Zelle mit Hilfe graphischer Elemente beschrieben. Eine solche Beschreibung erfolgt in der Regel hierarchisch, wobei benutzte Zellen durch Symbole dargestellt werden können, die in der Schnittstelle des *Schematic*–Views dieser Zellen beschrieben werden. Das *Symbolic*–View ist als Zwischenebene zwischen dem Schaltschema und dem Layout gedacht. Hier werden topologische Informationen über Zellen definiert, die eine Planung des endgültigen Layouts einer integrierten Schaltung ermöglichen sollen. Dieses wird dann schließlich im *MaskLayout*–View definiert. Zur Beschreibung des Layouts von gedruckten Schaltungen dient das *PcbLayout*–View. Das *Behaviour*–View ist für die Beschreibung des Verhaltens von Zellen auf einer hohen Ebene gedacht. Dies ist zur Zeit in EDIF nur in rudimentärer Form möglich. Hier sind für spätere EDIF–Versionen Erweiterungen vorgesehen. Simulationsmodelle von Bausteinen werden im View *LogicModel* angegeben. Die Dokumentation einer Zelle in druckbarer Form kann im *Document*–View abgelegt werden. EDIF sieht hierfür einfache Möglichkeiten vor, den Text in Kapitel und Abschnitte zu gliedern. Dies kann durch graphische Informationen ergänzt werden, die im *Graphic*–View abgelegt werden können. Neben diesen Standard–Views, für die festgelegt ist, welche EDIF–Konstrukte als Beschreibungselemente zugelassen sind, gibt es noch ein *Stranger*–View, das es ermöglicht, Informationen über eine Schaltung, die in den übrigen Views nicht untergebracht werden kann, unter Verwendung beliebiger Konstrukte abzulegen. Die Semantik der dort verwendeten Konstrukte ist aber in EDIF nicht definiert.

Beispiel einer hierarchischen Zelldefinition

Am Beispiel der Beschreibung der Verbindungsstruktur (Netzliste) eines Exklusiv–Oder–Gatters sollen die bisher gegebenen allgemeinen Erläuterungen zu EDIF verdeutlicht werden. Dazu wollen wir eine EDIF–Beschreibung der in Bild 2.13 angegebenen Schaltung entwickeln.

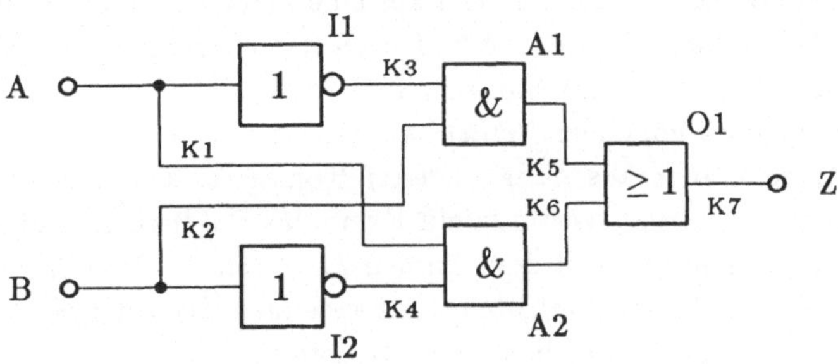

Bild 2.13: Schaltschema eines Exklusiv–Oder–Gatters

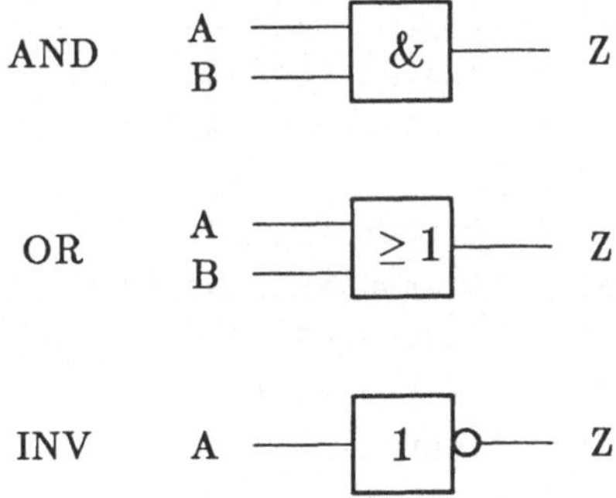

Bild 2.14: Im Exklusiv–Oder–Gatter verwendete Bausteintypen

In Bild 2.14 sind die vom Exklusiv–Oder–Gatter verwendeten Bausteintypen aufgeführt. In der Schaltung werden zwei Bausteine vom Typ *INV* mit den Namen *I1* und *I2*, zwei Bausteine vom Typ *AND* mit den Namen *A1* und *A2* sowie ein Baustein vom Typ *OR* mit dem Namen *O1* benötigt. Durch die folgenden EDIF–Zeilen wird genau dieser Sachverhalt ausgedrückt:

```
(instance I1 (viewRef NET (cellRef INV)))
(instance I2 (viewRef NET (cellRef INV)))
(instance A1 (viewRef NET (cellRef AND)))
(instance A2 (viewRef NET (cellRef AND)))
(instance O1 (viewRef NET (cellRef OR )))
```

Betrachten wir zur näheren Erläuterung dieses EDIF–Fragments die erste Zeile.
Das *CellRef*–Konstrukt stellt eine Referenz auf eine Zelldefinition her, in diesem
Fall auf eine Zelle mit dem Namen *INV*. Durch das umschließende *ViewRef*–
Konstrukt wird das View mit dem Namen *NET* der Zelle *INV* ausgewählt. Daß
es sich dabei um ein View vom Typ *Netlist* handelt, wird durch den Namen *NET*
zwar angedeutet, geht aber aus dem *ViewRef*–Konstrukt selbst nicht hervor.
Durch das *Instance*–Konstrukt wird nun ein Exemplar des Inverterbausteins sozusagen ins Leben gerufen und mit dem Namen *I1* versehen. Die übrigen Zeilen
sind nach dem gleichen Muster aufgebaut, sie erzeugen die Ausprägungen der
übrigen im Exklusiv–Oder–Gatter benutzten Bausteine.

Durch das folgende EDIF–Fragment werden nun die Verbindungen dieser Bausteine untereinander beschrieben:

```
(net K1 (joined (portRef A)
                (portRef A (instanceRef I1))
                (portRef A (instanceRef A2))))
(net K2 (joined (portRef B)
                (portRef A (instanceRef I2))
                (portRef B (instanceRef A1))))
(net K3 (joined (portRef Z (instanceRef I1))
                (portRef A (instanceRef A1))))
(net K4 (joined (portRef Z (instanceRef I2))
                (portRef B (instanceRef A2))))
(net K5 (joined (portRef Z (instanceRef A1))
                (portRef A (instanceRef O1))))
(net K6 (joined (portRef Z (instanceRef A2))
                (portRef B (instanceRef O1))))
(net K7 (joined (portRef Z)
                (portRef Z (instanceRef O1))))
```

Um Zellen miteinander verbinden zu können, müssen sie Anschlüsse besitzen,

die in EDIF *Ports* heißen. Die Referenz auf ein Port geschieht mit Hilfe des
PortRef-Konstrukts. Bei den Ports muß zwischen denen, die Anschlüsse der
Zelle sind, die gerade definiert wird (in unserem Beispiel das Exklusiv–Oder–
Gatter), den sogenannten Master–Ports, unterschieden werden und Anschlüssen
von für diese Definition benutzten Zellen. Für die Referenz auf Master–Ports
braucht nur der Name des Ports angegeben werden, während für die Referenz auf
die übrigen Anschlüsse zusätzlich der Name der Ausprägung des entsprechenden
Bausteins angegeben werden muß. Die Namen der Master–Ports des Exklusiv–
Oder–Gatters sind *A* und *B* für die Eingänge sowie *Z* für den Ausgang (s. Bild
2.13).

In den ersten drei Zeilen des obigen EDIF–Fragments werden also die folgenden
drei Anschlüsse referenziert: Anschluß A des Exklusiv–Oder–Gatters (Master–
Port), Anschluß A des Bausteins *I1* und Anschluß A des Bausteins *A2*. Die
Referenz auf die Ausprägung einer Zelle geschieht also durch das *InstanceRef*-
Konstrukt. Daß diese drei Ports miteinander verbunden sein sollen, wird durch
das *Joined*-Konstrukt, das die drei Portreferenzen umgibt, ausgedrückt. In Bild
2.13 ist der Schaltungsknoten, der die Verbindung dieser drei Anschlüsse bildet,
mit *K1* bezeichnet. Schaltungsknoten bekommen auch in EDIF einen Namen
und zwar durch das *Net*-Konstrukt. Das EDIF–Fragment enthält also für alle
sieben Knoten des Exklusiv–Oder–Gatters ein *Net*-Konstrukt.

Die Aufzählung der verwendeten Bausteine und ihrer Verbindungen bilden den
Inhalt einer Zelle unter dem View vom Typ *Netlist*. Demgemäß fassen wir die
beiden obigen EDIF–Fragmente zu einer *Contents*-Klausel zusammen:

```
(contents
    (instance I1 (viewRef NET (cellRef INV)))
    (instance I2 (viewRef NET (cellRef INV)))
    (instance A1 (viewRef NET (cellRef AND)))
    (instance A2 (viewRef NET (cellRef AND)))
    (instance O1 (viewRef NET (cellRef OR )))
    (net K1 (joined (portRef A)
                    (portRef A (instanceRef I1))
                    (portRef A (instanceRef A2))))
    (net K2 (joined (portRef B)
                    (portRef A (instanceRef I2))
                    (portRef B (instanceRef A1))))
```

```
(net K3 (joined (portRef Z (instanceRef I1))
                (portRef A (instanceRef A1))))
(net K4 (joined (portRef Z (instanceRef I2))
                (portRef B (instanceRef A2))))
(net K5 (joined (portRef Z (instanceRef A1))
                (portRef A (instanceRef O1))))
(net K6 (joined (portRef Z (instanceRef A2))
                (portRef B (instanceRef O1))))
(net K7 (joined (portRef Z)
                (portRef Z (instanceRef O1))))
)
```

Als Netzliste wäre damit die Beschreibung der Exklusiv–Oder–Funktion vollständig. Wir möchten aber erreichen, daß das Exklusiv–Oder–Gatter ebenso wie
der Inverter, das Und- und das Oder–Gatter als Baustein in Netzlisten anderer,
komplexerer Schaltungen verwendet werden kann, ohne die Netzlistenbeschreibung jedesmal vollständig wiederholen zu müssen. Um solche Ausprägungen
von Exklusiv–Oder–Gattern bilden zu können, abstrahieren wir von der inneren
Struktur, der Netzliste, und definieren eine Schnittstelle mit den für die Ein-
bettung in andere Netzlisten notwendigen Informationen. In Bild 2.15 ist dieser
Vorgang durch die gestrichelte Umrandung angedeutet. Das Ergebnis der Abstraktion soll letztlich ein Baustein mit dem Namen *EXOR* und den Anschlüssen
A, B und *Z* sein.

Die Definition der externen Anschlüsse erfolgt im *Interface* einer Zelle:

```
(interface (port A (direction INPUT ))
           (port B (direction INPUT ))
           (port Z (direction OUTPUT))
)
```

Es werden drei Ports definiert, *A* und *B* als Eingänge und *Z* als Ausgang, was
durch das *Direction*-Konstrukt festgelegt wird.

Nachdem wir nun Interface und Contents des Exklusiv–Oder–Gatters definiert
haben, können wir die Bausteindefinition vervollständigen, indem wir diese beiden Teile in einem *View*-Konstrukt zusammenfassen und durch das umgebenden
Cell-Konstrukt dem Baustein einen Namen geben, unter dem er in anderen Zell-

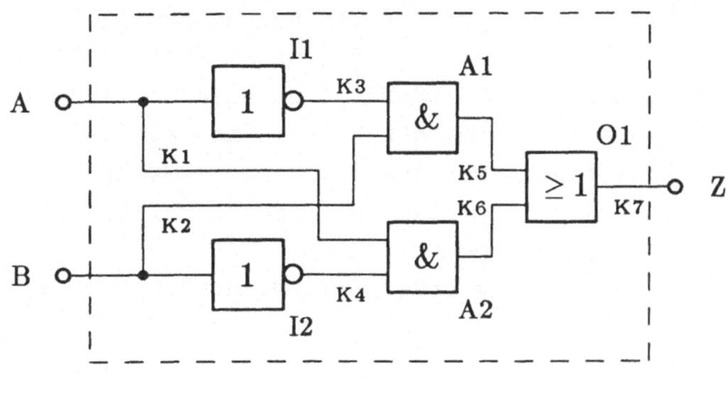

Bild 2.15: Das Exklusiv–Oder–Gatter als wiederverwendbarer Baustein

definitionen referenziert werden kann:

```
(cell EXOR
   (view NET (viewType NETLIST)
      (interface (port A (direction INPUT ))
                 (port B (direction INPUT ))
                 (port Z (direction OUTPUT)))
      (contents
         (instance I1 (viewRef NET (cellRef INV)))
         (instance I2 (viewRef NET (cellRef INV)))
         (instance A1 (viewRef NET (cellRef AND)))
         (instance A2 (viewRef NET (cellRef AND)))
         (instance O1 (viewRef NET (cellRef OR )))
         (net K1 (joined (portRef A)
                         (portRef A (instanceRef I1))
                         (portRef A (instanceRef A2))))
         (net K2 (joined (portRef B)
                         (portRef A (instanceRef I2))
                         (portRef B (instanceRef A1))))
         (net K3 (joined (portRef Z (instanceRef I1))
                         (portRef A (instanceRef A1))))
```

```
       (net K4 (joined (portRef Z (instanceRef I2))
                       (portRef B (instanceRef A2))))
       (net K5 (joined (portRef Z (instanceRef A1))
                       (portRef A (instanceRef O1))))
       (net K6 (joined (portRef Z (instanceRef A2))
                       (portRef B (instanceRef O1))))
       (net K7 (joined (portRef Z)
                       (portRef Z (instanceRef O1)))))))))
```

Das *View*–Konstrukt besteht aus dem Schlüsselwort *view*, gefolgt von dem Namen des Views, der vom Benutzer frei gewählt werden kann, einem *ViewType*–Konstrukt, das festlegt, von welchem Typ dieses View ist – hier sind nur die in EDIF fest definierten Namen von View–Typen zulässig – sowie einem Interface- und einem Contents-Konstrukt. Die Angaben zum View–Namen und View–Typ müssen immer vorhanden sein, die Interface-Beschreibung hingegen kann leer sein und Contents kann vollständig fehlen, was in bestimmten Fällen durchaus sinnvoll sein kann, wie wir noch sehen werden.

Ein *Cell*–Konstrukt besteht aus dem Schlüsselwort *cell*, gefolgt vom Namen der Zelle und einem oder mehreren Views. Die oben angegebene Definition der Zelle *EXOR* ist die Minimalform einer Netzlistenbeschreibung. Sie könnte noch durch zusätzliche Informationen angereichert werden, indem z.B. im Interface spezifiziert würde, daß die Eingänge *A* und *B* des Exklusiv–Oder–Gatters vertauschbar sind.

Der folgende verkürzte EDIF–Text soll zeigen, wie eine solche Bausteindefinition in eine vollständige EDIF–Datei eingebettet werden könnte:

```
(edif PROTOTYPE
   (library CMOS1
      .

      .

      (cell EXOR  ..... )
      (cell INV (view NET (viewType NETLIST)
                (interface (port A (direction INPUT ))
                           (port Z (direction OUTPUT)))))
      (cell AND   ..... )
      (cell OR    ..... )))
```

Zelldefinitionen sind nur innerhalb von Bibliotheken möglich. Das *Library*–Konstrukt, das hier unvollständig angegeben ist (ohne *Technology*–Block), definiert den Namen der Bibliothek (*CMOS1*) und enthält im übrigen eine beliebige Anzahl von Cell–Definitionen. Das View *NET* der Zelle *INV*, von dem zwei Ausprägungen im View *NET* der Zelle *EXOR* verwendet werden, ist hier vollständig wiedergegeben. Für die Verwendung in Netzlisten von logischen Gattern, hat ein Inverter keine innere Struktur, da es sich um ein primitives Gatter handelt. Deshalb fehlt hier der Contents–Block. Ähnlich sähen natürlich auch die Definitionen von *AND* und *OR* aus. Selbstverständlich könnten für diese Bausteine Transistornetzlisten definiert werden, um z.B. eine Schaltkreissimulation zu ermöglichen.

Um nun noch einen anderen View–Typ etwas näher kennenzulernen, wollen wir den Inverter etwas näher betrachten. In Bild 2.16 ist das grob vereinfachte Layout eines CMOS–Inverters angeben und wir wollen diese geometrische Anordnung in ein View vom Typ *MaskLayout* umsetzen.

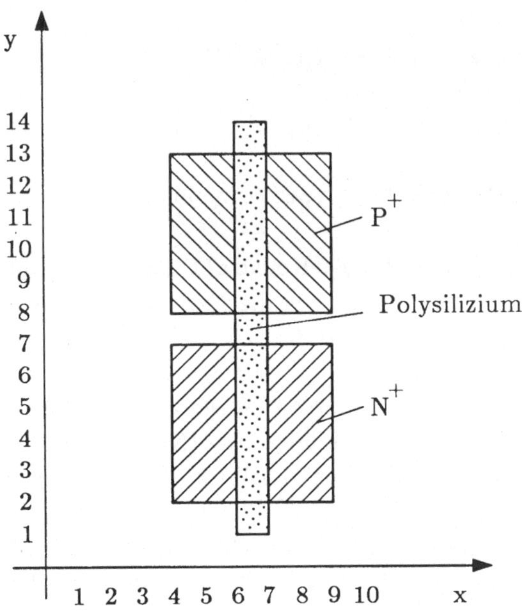

Bild 2.16: Stark vereinfachtes Layout eines CMOS–Inverters

Die Geometrie besteht aus drei Rechtecken, die verschiedene Materialien repräsentieren bzw. verschiedenen Herstellungsmasken zuzuordnen sind: je ein Rechteck für das p- und das n–dotierte Diffusionsgebiet und eins für das polykristalline
Silizium. Masken heißen in EDIF – vereinfacht gesprochen – *FigureGroups*. Die
Charakteristika solcher Figuregroups werden im Technology–Block einer Bibliothek definiert, darauf wollen wir hier aber nicht näher eingehen. Um ein geo-
metrisches Objekt einer Maske, d.h. einer Figuregroup, zuzuordnen, muß es in
ein *Figure*-Konstrukt eingebettet werden. In der folgenden erweiterten EDIF–
Beschreibung der Zelle *INV* finden wir ein View mit dem Namen *LAYOUT*,
das im Contents drei Rechtecke enthält, die jeweils den Figuregroups *P_DIFF*,
N_DIFF und *POLY* zugeordnet werden:

```
(cell INV
   (view NET (viewType NETLIST)
      (interface (port A (direction INPUT ))
                 (port Z (direction OUTPUT))))
   (view LAYOUT (viewType MASKLAYOUT)
      (interface)
      (contents
         (figure P_DIFF
            (rectangle (pt 4 8) (pt 9 13)))
         (figure N_DIFF
            (rectangle (pt 4 2) (pt 9 7 )))
         (figure POLY
            (rectangle (pt 6 1) (pt 7 14))))))
```

Rechtecke werden durch das *Rectangle*–Konstrukt definiert, welches zwei Punkte (*Pt*–Konstrukt) als Parameter hat, die die Endpunkte einer Diagonalen des
Rechtecks beschreiben.

Das View LAYOUT besitzt hier eine leere Interface–Definition. Denkbar wäre,
die Beschreibung der Lage von Anschlußpunkten (Kontaktlöcher) für Leiterbahnen im Interface vorzunehmen, die aber im Bild 2.16 auch nicht angegeben sind.

Damit ist die kurze Einführung in EDIF zunächst abgeschlossen. Weitere EDIF–
Konstrukte werden in den Beispielen der folgenden Kapitel jeweils an Ort und
Stelle erläutert werden.

2.3   Ein relationales EDIF–Schema

EDIF stellt die bisher wohl umfassendste Zusammenstellung der beim Entwurf von elektronischen Schaltungen benötigten, bzw. anfallenden Arten von Informationen dar. Dies und die begründete Annahme, daß EDIF sich als Standard durchzusetzen scheint, kann wohl als Grund dafür angesehen werden, daß sich seit der ersten Veröffentlichung eine steigende Anzahl von Arbeiten mit der Modellierung von Entwurfsobjekten für CAD–Datenhaltungssysteme auf der Grundlage von EDIF in der Fachliteratur finden lassen. Als Beispiele seien [Miller 1988], [Klahold u.a. 1988], [Lorentzi 1988] und [Batory, Kim 1985] erwähnt. Es wird als zweckmäßig angesehen, Schemata für Entwurfsdatenbanken so zu strukturieren, daß aus der Datenbank heraus in einfacher Weise EDIF–Dateien erstellt bzw. in EDIF beschriebene Entwürfe leicht in die Datenbank übernommen werden können. Dies ist auch der Grund dafür, daß die algebraische Spezifikation der operationalen Schnittstelle in Kapitel 6 auf der Basis von EDIF vorgenommen werden wird.

Im folgenden soll für einen kleinen Ausschnitt von EDIF ein mögliches relationales Schema vorgestellt werden. Zur Verdeutlichung von Informationsstrukturen wird eine an das Entity–Relationship–Modell (ER–Modell) [Chen 1976] angelehnte graphische Darstellungsweise, die sogenannten Entity–Relationship–Diagramme, in einer etwas vereinfachten Form benutzt werden. Das Entity–Relationship–Modell selbst wird in Kapitel 4 ausführlich erläutert werden.

In ER–Diagrammen werden Objekte als Rechtecke und Beziehungen als Rauten dargestellt. Objekte und Beziehungen lassen sich sehr einfach in Relationen übertragen. In Bild 2.17 werden anhand eines einfachen Beispiels die Elemente von ER–Diagrammen, die in diesem Abschnitt verwendet werden sollen, zusammengefaßt. Es drückt aus, daß eine Zelle eine Schnittstelle enthält und aus mehreren Unterzellen aufgebaut sein kann. Die Beziehungstypen können in beiden Fällen als "enthält" bzw. "ist enthalten in" gelesen werden. Dabei besteht zwischen den Objekttypen *Zelle* und *Schnittstelle* eine 1:1–Beziehung, während zwischen Objekten des Typs *Zelle* eine n:m–Beziehung besteht, da jede Zelle aus beliebig vielen anderen Zellen zusammengesetzt sein kann und jede Zelle in mehreren Zellen verwendet werden kann.

Das EDIF–Schema soll nun schrittweise entwickelt werden. Die oberste Ebene in der EDIF–Hierarchie bilden, abgesehen vom *Edif*–Konstrukt selbst, die Bi-

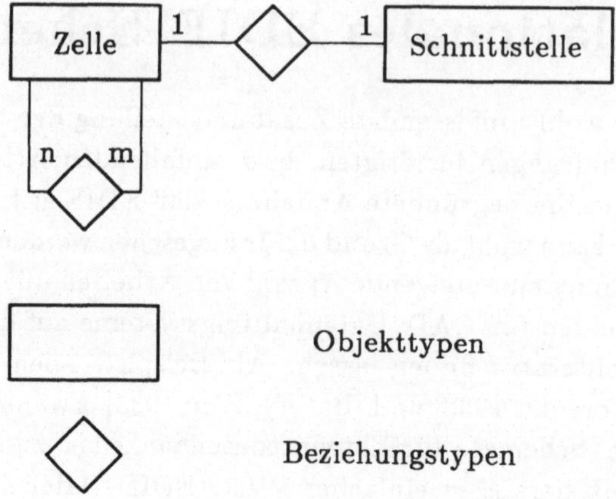

Bild 2.17: Elemente von Entity–Relationship–Diagrammen

bliotheken. Diese wird man daher in einem Entwurfsdatenschema als Objekte
einführen. Eine Bibliothek besitzt genau einen *Technology*–Block und eine beliebige Anzahl von Zellen. Diesen Sachverhalt drückt das ER–Diagramm in Bild
2.18 aus. Die 1:n–Beziehung zwischen *library* und *cell* besagt außerdem, daß jede
Zelle nur in einer Bibliothek auftreten kann.

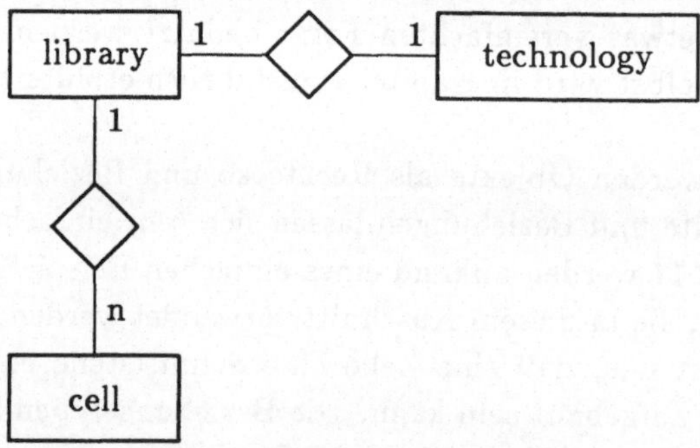

Bild 2.18: ER–Diagramm für EDIF–Libraries

Die Objekte und Beziehungen werden nun auf die folgende Weise in ein relationales Schema übertragen: Für jeden Objekttyp wird eine Relation angelegt,
wobei die Attribute, die in den ER–Diagrammen nicht eingetragen sind, entsprechend den Anforderungen der EDIF–Syntax definiert werden. So ergibt sich

aus der Syntax z.B., daß eine Bibliothek einen Namen haben und ihr ein EDIF–Level zugeordnet werden muß. 1:1- und 1:n–Beziehungen brauchen in der Regel nicht durch eigene Relationen dargestellt zu werden, es genügen gemeinsame Schlüsselattribute in den Objektrelationen, die zueinander in Beziehung stehen. Für n:m–Beziehungen oder Beziehungen, die selbst mit Attributen versehen werden sollen, werden ebenfalls Relationen angelegt. Nach diesen Regeln ergibt sich für das ER–Diagramm in Bild 2.18 das relationale Schema in Bild 2.19 . Für die Namen der Relationen wird jeweils der Plural des entsprechenden EDIF–Schlüsselworts benutzt, um anzudeuten, daß es sich um Mengen handelt. Die Relation *technologies* wird nicht näher definiert, da dieser Zweig von EDIF hier nicht weiter verfolgt werden soll.

```
libraries     (libraryName[string], edifLevel[(0,1,2)])
cells         (cellName[string], libraryName,
               cellType[(GENERIC,TIE,RIPPER)])
technologies  (libraryName, ....)
```

Bild 2.19: Relationen `libraries`, `cells` und `technologies`

Die 1:n–Beziehung zwischen den Objekttypen *library* und *cell* wird durch die Aufnahme des Attributs *libraryName* als sogenannten Fremdschlüssel in die Relation *cells* realisiert. Da zwischen *library* und *technology* eine 1:1–Beziehung besteht, kann das Attribut *libraryName* auch als Schlüssel in der Relation *technologies* verwendet werden.

Das Schema soll nun erweitert werden, um Zellen modellieren zu können. Bild 2.20 zeigt ein ER–Diagramm, das die Objekttypen *view, interface* und *contents* sowie ihre Beziehungen untereinander, die sich wiederum aus der EDIF–Syntax ergeben, einführt. Die Bedeutung der entsprechenden EDIF–Konstrukte ist ja bereits im vorigen Abschnitt erläutert worden.

Versucht man nun dieses ER–Diagramm schematisch in ein relationales Schema umzuwandeln, stößt man auf zwei Schwierigkeiten. Die erste besteht darin, daß die Anzahl der Schlüsselattribute beständig wächst, je weiter man in der EDIF–Hierarchie hinabsteigt. So bräuchte man zur eindeutigen Identifizierung von View-Objekten bereits drei Attribute, nämlich *viewName, cellName* und

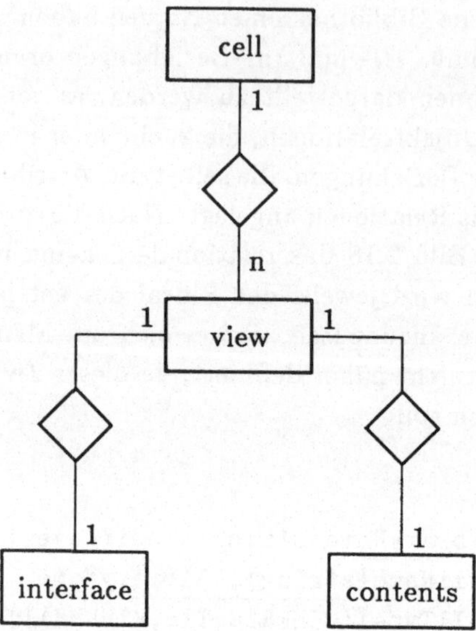

Bild 2.20: Der Aufbau von EDIF–Zellen

libraryName. Für Interface- und Contents–Objekte käme ein weiteres Attribut hinzu. Daher ist es aus pragmatischen Gründen (Redundanz, Effizienz)
zweckmäßig, derartig umfangreiche Schlüssel zu vermeiden. Man führt statt-
dessen einen künstlichen Schlüssel ein. Wir wollen dies für die Relation *views*
tun, indem wir das Attribut *view–id* als künstlichen Schlüssel einführen (s. Bild
2.21). Dieses Attribut kann dann in den Relationen untergeordneter Objekte als
Fremdschlüssel verwendet werden. Zur Identifikation von Views werden ganze
Zahlen benutzt.

```
views       (view-id[integer], viewName[string], cellName,
            libraryName,
            viewType[(NETLIST,SCHEMATIC, ...)])
interfaces (view-id, interface-id[integer])
contents    (view-id, contents-id[integer])
```

Bild 2.21: Relationen `views`, `interfaces` und `contents`

Die zweite Schwierigkeit besteht darin, daß die Objekte *interface* und *contents* zwar zu anderen untergeordneten Objekten in Beziehung stehen aber selbst keine Attribute besitzen. Die entsprechenden Relationen haben dann nur die Funktion, die Unterobjekte eines Views zusammenzufassen, die zur Schnittstelle bzw. zum Inhalt gehören. Da es gemäß der EDIF–Syntax allerdings keine gemeinsamen unmittelbaren Unterobjekte von Interface und Contents gibt, wären diese Relationen im Grunde entbehrlich. Aus Gründen der Konsistenz mit EDIF wollen wir sie aber im Schema belassen.

In Bild 2.22 ist das vollständige ER–Diagramm des hier betrachteten EDIF–Ausschnitts angegeben. Der Objekttyp *port* steht in einer n:1–Beziehung zum Objekttyp *interface*, da jede Schnittstellendefinition beliebig viele Portdefinitionen enthalten kann. Die Tatsache, daß Ports in *Joined*–Konstrukten referenziert werden, wird hier nicht durch eine explizite Beziehung zwischen den Objekttypen *port* und *joined* modelliert, da in *port* die Portdefinitionen gehalten werden, während in einem Netz auf Ports von Zellausprägungen (*instances*) Bezug genommen wird. Diese Referenz wird durch entsprechende Attribute der Relation *joins* hergestellt (vgl. Bild 2.23).

Die 1:n–Beziehung zwischen den Objekttypen *view* und *instance* drückt aus, daß von jedem View beliebig viele Exemplare gebildet werden können. Die Beziehungen zwischen *view* und *contents* sowie zwischen *contents* und *instance* wiederum ermöglichen, daß ein View beliebig viele Ausprägungen anderer Zellen (Views) enthalten kann.

In Bild 2.23 ist nun das vollständige relationale Schema des EDIF–Ausschnitts wiedergegeben.

Die Relation *nets* scheint in dem Schema entbehrlich zu sein. Das liegt aber hier daran, daß wir nur einen Ausschnitt von EDIF betrachten. In einem Schema für das vollständige EDIF hätte diese Relation weitere Attribute. Das gilt im übrigen aus dem gleichen Grund auch für andere Relationen.

Zum Abschluß dieses Kapitels sollen nun die für die Beschreibung der Exklusiv–Oder–Schaltung des vorigen Abschnitts notwendigen Tupel in die Relationen eingetragen werden. Das Ergebnis zeigen die Bilder 2.24 und 2.25. Für die Werte der Attribute, die künstliche Schlüssel bilden (*view-id, interface-id, contents-id*), sind willkürlich Zahlen eingetragen worden. In der Relation *joins* enthält das

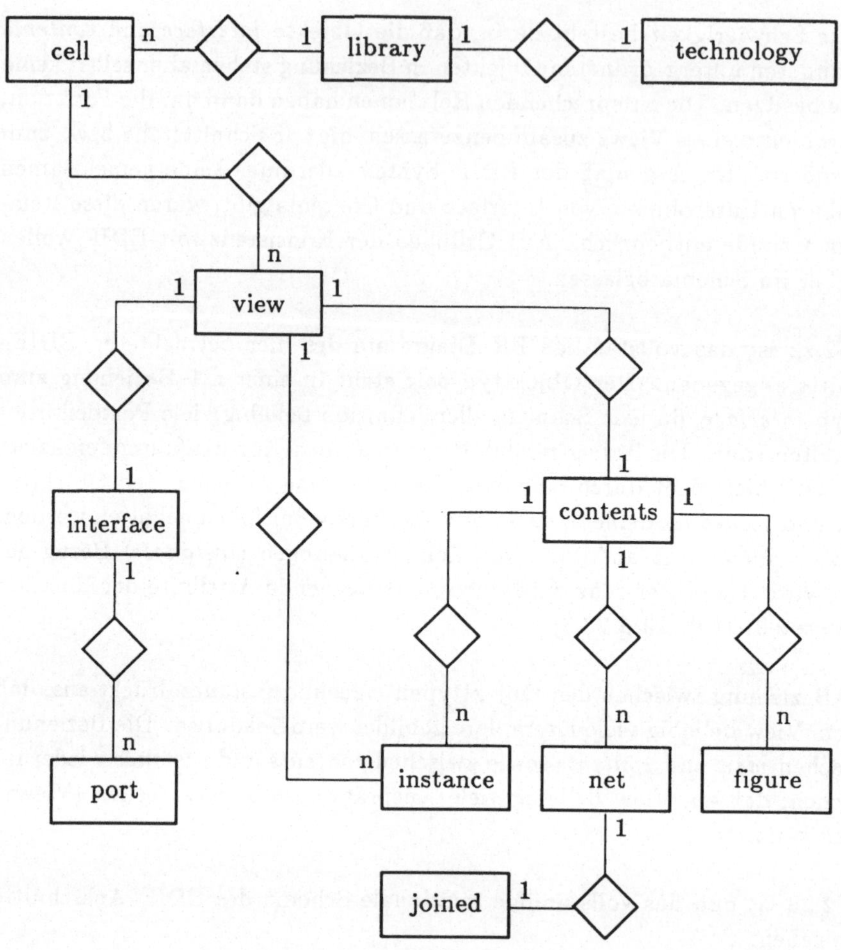

Bild 2.22: ER–Diagramm eines EDIF–Ausschnitts

Attribut *instanceName* in drei Tupeln keinen Wert. Diese Tupel repräsentieren die Ports des EXOR–Bausteins, die mit keiner Zellausprägung verknüpft sind und in dem entsprechenden EDIF–Konstrukt auch keine *InstanceRef*-Klausel enthalten. Im übrigen enthalten die Bilder 2.24 und 2.25 die direkte Umsetzung der EDIF–Beschreibung des Exklusiv–Oder–Gatters aus Abschnitt 2.2.

EDIF enthält auch Konstrukte, die sich nicht so einfach, wie das bei den hier gezeigten der Fall war, in Relationen umsetzen lassen. Auf die dabei auftre-

```
libraries     (libraryName[string], edifLevel[(0,1,2)])
cells         (cellName[string], libraryName,
               cellType[(GENERIC,TIE,RIPPER)])
technologies  (libraryName, ....)
views         (view-id[integer], viewName[string], cellName,
               libraryName,
               viewType[(NETLIST,SCHEMATIC, ...)])
interfaces    (view-id, interface-id[integer])
contents      (view-id, contents-id[integer])
ports         (interface-id, portName[string]
               direction[(INPUT,OUTPUT)])
instances     (contents-id, instanceName[string], view-id)
nets          (contents-id, netName[string])
joins         (contents-id, netName[string], instanceName,
               portName)
figures       ( .... )
```

Bild 2.23: Relationen eines EDIF–Ausschnitts

tenden Schwierigkeiten soll aber hier nicht näher eingegangen werden, da diese
zum Teil in den folgenden Kapiteln im Zusammenhang mit der Modellierung
komplexer Objekte behandelt werden. Die prinzipielle Gestalt eines relationalen
Schemas für Entwurfsdaten wird aber an dem gezeigten Beispiel deutlich. Auch
ein Problem, das uns in den nächsten Kapiteln noch beschäftigen wird, ist an
dem Schema bereits erkennbar. Die Bestandteile eines komplexen Objektes – in
diesem Fall die des Exklusiv–Oder–Gatters – werden über mehrere Relationen
verstreut gespeichert und von einem relationalen Datenbanksystem werden nur
diese Bestandteile verwaltet. Die Zusammengehörigkeit zu einem Objekt kann
nur durch den Benutzer bzw. die Werkzeuge hergestellt werden. Um z.B. die
Konnektivität des Exklusiv–Oder–Gatters zu ermitteln, müssen Verbundoperationen über den Relationen *views, contents, nets, instances* und *joins* ausgeführt
werden. Genau das Problem, daß ein herkömmliches Datenbanksystem keine Unterstützung bei der Verwaltung komplexer Objekte bietet, ist ein Hauptansatz-
punkt von zahlreichen Erweiterungsvorschlägen des relationalen Datenmodells,
wie in den Kapiteln 4 und 5 noch näher ausgeführt werden wird.

libraries	libraryName	edifLevel
	CMOS1	0

cells	cellName	libraryName	cellType
	EXOR	CMOS1	GENERIC
	INV	CMOS1	GENERIC
	AND	CMOS1	GENERIC
	OR	CMOS1	GENERIC

views	view-id	viewName	cellName	libraryName	viewType
	1	NET	EXOR	CMOS1	NETLIST
	2	NET	INV	CMOS1	NETLIST
	3	NET	AND	CMOS1	NETLIST
	4	NET	OR	CMOS1	NETLIST

interfaces	view-id	interface-id
	1	1
	2	2
	3	3
	4	4

contents	view-id	contents-id
	1	1
	2	2
	3	3
	4	4

ports	interface-id	portName	direction
	1	A	INPUT
	1	B	INPUT
	1	Z	OUTPUT
	2	A	INPUT
	2	Z	OUTPUT
	3	A	INPUT
	3	B	INPUT
	3	Z	OUTPUT
	4	A	INPUT
	4	B	INPUT
	4	Z	OUTPUT

Bild 2.24: Die Relationen des Exklusiv–Oder–Gatters, Teil 1

instances	contents-id	instanceName	view-id
	1	I1	2
	1	I2	2
	1	A1	3
	1	A2	3
	1	O1	4

nets	contents-id	netName
	1	K1
	1	K2
	1	K3
	1	K4
	1	K5
	1	K6
	1	K7

joins	contents-id	netName	instanceName	portName
	1	K1		A
	1	K1	I1	A
	1	K1	A2	A
	1	K2		B
	1	K2	I2	A
	1	K2	A1	B
	1	K3	I1	Z
	1	K3	A1	A
	1	K4	I2	Z
	1	K4	A2	B
	1	K5	A1	Z
	1	K5	O1	A
	1	K6	A2	Z
	1	K6	O1	B
	1	K7		Z
	1	K7	O1	Z

Bild 2.25: Die Relationen des Exklusiv–Oder–Gatters, Teil 2

3 Anforderungen an eine integrierte Datenhaltung

Da herkömmliche Datenbanksysteme für die Unterstützung von Aufgaben der betrieblichen und administrativen Datenverarbeitung geschaffen wurden, wird man nicht erwarten können, daß sie allen Anforderungen, die der Anwendungsbereich VLSI/CAD mit sich bringt, gerecht werden können. Es ist daher sehr wichtig, zunächst diese Anforderungen zu benennen, um sie dem Leistungsangebot herkömmlicher Datenbanksysteme gegenüberstellen zu können. Dies soll in den folgenden Abschnitten geschehen. In Kapitel 4 wird für einen Teil dieser Anforderungen anhand von Vorschlägen aus der einschlägigen Literatur dargestellt, wie sie mit herkömmlichen Datenbanksystemen realisiert werden können, bzw. um welche Konzepte die Systeme erweitert werden sollten. Diese Betrachtungen werden auch einen Beitrag zur Beantwortung der Frage leisten, ob der Einsatz herkömmlicher Datenbanksysteme überhaupt sinnvoll sein kann.

Stellvertretend für die Datenmodelle herkömmlicher Datenbanksysteme werden wir uns im folgenden auf das relationale Datenmodell beschränken. Die Gründe dafür sind, daß hinsichtlich der Datenmodellierung das relationale Modell, verglichen mit dem netzartigen und dem hierarchischen Datenmodell, am flexibelsten ist und daß das relationale Modell mathematisch fundiert und damit auch der Funktionsumfang durch die Relationenalgebra bzw. den Relationenkalkül klar definiert ist [Date 1977]. Hinzu kommt, daß in der Literatur zu diesem Thema fast ausschließlich auf das relationale Modell Bezug genommen wird.

In [Lockemann u.a. 1985] werden die Anforderungen an Datenbanksysteme für technische mit denen für herkömmliche kommerzielle Anwendungen verglichen. Außerdem werden verschiedene technische Anwendungen aus dem Entwurfsbereich und der Prozeßautomatisierung auf spezifische Anforderungen hin untersucht. Man kommt dort zu dem Ergebnis, daß es eine einheitliche Lösung für die Probleme aller Anwendungsbereiche nicht geben kann.

3.1 Anforderungen an das Datenmodell

Komplexe Objekte

Objekte, die in kommerziellen Datenbanken verwendet werden, lassen sich meist durch die Angabe einiger weniger Eigenschaften (Attribute) beschreiben. Sie lassen sich in einfacher Weise durch einen Datensatz bzw. ein Tupel einer entsprechenden Relation repräsentieren. VLSI–Entwurfsobjekte erfordern hingegen eine in verschiedener Hinsicht komplexere Beschreibung. Sie sind in der Regel hierarchisch aufgebaut, d.h. ein Objekt besteht aus mehreren Unterobjekten, oder anders ausgedrückt, eine Schaltung besteht aus mehreren Teilschaltungen. Für digitale integrierte Schaltungen ist dabei typisch, daß Teilschaltungen häufig in sehr vielen Exemplaren in einer Schaltung auftreten. Die Hierarchie ist ein wichtiges Strukturierungsprinzip, um die Komplexität moderner hochintegrierter Schaltungen handhaben zu können.

Für die Manipulation solcher komplexer Objekte durch Entwurfswerkzeuge ist es nun zweckmäßig, daß sie der Datenhaltung auch als solche bekannt sind, d.h. die Struktur von hierarchischen Objekten sollte durch die Datenhaltung verwaltet werden können. Dadurch wird es möglich, daß Entwurfswerkzeuge diese Objekte durch einen Operationsaufruf z.B. kopieren oder löschen können.

Im relationalen Datenmodell lassen sich hierarchisch strukturierte Objekte nur durch ein Geflecht von Tupeln in verschiedenen Relationen darstellen. Die zu einem Objekt gehörenden Tupel müssen dann durch Verbundoperationen zusammengeführt werden. Dies erfordert von den Entwurfswerkzeugen eine genaue Kenntnis des relationalen Schemas.

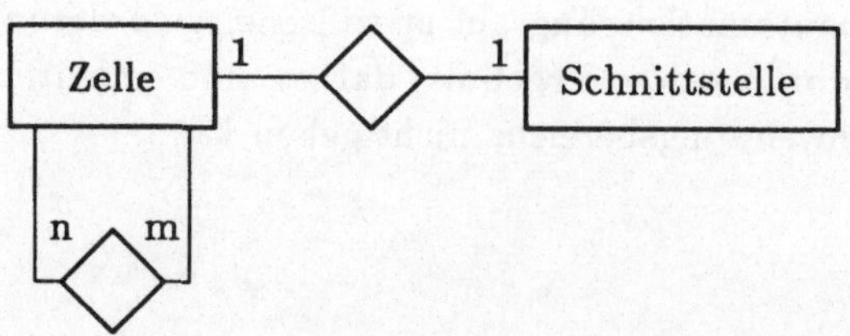

Bild 3.1: Ein primitives ER–Schema für Zellen

Zur Verdeutlichung soll das folgende Beispiel dienen. Die in Bild 3.1 dargestellte
Beziehung zwischen Zellen kann durch die Relationen

```
Zelle   (Zellname, ···)
benutzt (Zellname, Zellname)
```

implementiert werden. Bild 3.2 zeigt eine Ausprägung dieser beiden Relationen.
Der Inhalt der Relation *benutzt* zeigt an, daß die Zelle *Zelle_A* die Zellen *Zelle_B*
und *Zelle_C* benutzt. *Zelle_B* tritt dabei in zwei Exemplaren in *Zelle_A* auf.

Zelle	Zellname	···
	Zelle_A	···
	Zelle_B	···
	Zelle_C	···

benutzt	Zellname_1	Zellname_2	···
	Zelle_A	Zelle_B	···
	Zelle_A	Zelle_B	···
	Zelle_A	Zelle_C	···

Bild 3.2: Die Relationen *Zelle* und *benutzt*

Wenn nun ein Werkzeug zur Manipulation von Zelle *Zelle_A* alle Daten über diese
Zelle benötigt, insbesondere welche Zellen von ihr benutzt werden, können diese
Informationen nur durch eine Verbundoperation (Join) über den beiden Relationen *Zelle* und *benutzt* gewonnen werden. Wünschenswert wäre hingegen, daß
dies allein durch Angabe des Zellnamens *Zelle_A* vom Datenbanksystem bewerkstelligt werden könnte. Im nächsten Kapitel werden eine Reihe von Vorschlägen
diskutiert werden, wie durch eine Erweiterung des relationalen Modells komplexe
Objektstrukturen dem Datenbanksystem bekannt gemacht werden können.

Versionen, Alternativen, Sichten

Der Entwurf einer hochintegrierten Schaltung ist ein komplizierter evolutionärer Prozeß. Daraus ergibt sich als Anforderung an die Datenhaltung, nicht nur den jeweiligen Endzustand eines Entwurfsobjekts zu speichern, sondern auch dessen Entwicklungsgeschichte. Dabei unterscheidet man gewöhnlich zwischen Versionen, die die zeitliche Abfolge von Entwicklungszuständen eines Objekts beschreiben, und Alternativen, die ausgehend von einem gemeinsamen Ursprung verschiedene Lösungsmethoden einer Entwurfsaufgabe beschreiben. Diese Unterscheidung zwischen Versionen und Alternativen ist aber keineswegs gemeinhin akzeptiert. Dies wird aus den verschiedenen Vorschlägen, wie die Entwicklungsgeschichte von Entwurfsobjekten im Datenmodell dargestellt werden kann, noch deutlich werden. Die Grenze zwischen Versionen und Alternativen im obigen Sinne läßt sich nicht immer eindeutig ziehen. Auf jeden Fall besteht die Anforderung an die Datenhaltung, den Zugriff auf eine bestimmte Variante eines Objekts zu ermöglichen.

Ein weiteres Problem besteht darin, daß für die verschiedenen Entwurfswerkzeuge ganz unterschiedliche Repräsentationen des gleichen Objekts erforderlich sind. So benötigt z.B. ein Logiksimulator eine andere Objektbeschreibung als ein Layout-Editor. Für diese unterschiedlichen Repräsentationen eines Objekts hat sich der Begriff "Sichten" eingebürgert.

Das Problem besteht hier weniger in der Möglichkeit der Speicherung verschiedener Objektsichten als vielmehr in der Sicherung der sichtübergreifenden Konsistenz. Nun ist ein Datenhaltungssystem sicherlich nicht in der Lage, die inhaltliche Äquivalenz von zwei Objektsichten zu überprüfen. Dies ist in der Regel eine sehr komplizierte Prüfung, die, wenn überhaupt, nur durch spezielle Programme durchgeführt werden kann. Es sollte aber im Objektmodell ausdrückbar sein, daß bestimmte Objektrepräsentationen verschiedene Sichten desselben Objekts sind. Das Datenhaltungssystem kann damit in die Lage versetzt werden, bei Änderungen an einer Objektsicht den Benutzer davon zu unterrichten, daß weitere Objektsichten existieren und die Konsistenz der Sichten durch die Änderung möglicherweise verletzt ist und überprüft werden muß. Darüberhinaus wäre denkbar, in der Datenbank festzulegen, durch welche Werkzeuge die Äquivalenz der Objektsichten validiert werden kann.

Datentypen

Die in herkömmlichen Datenbanksystemen in der Regel anzutreffende Beschränkung auf wenige Standarddatentypen wie Ganzzahlen, Festkommazahlen und
Zeichenketten ist für CAD–Anwendungen ungeeignet. Sie führt häufig dazu,
daß schon relativ einfache Objekte nur sehr umständlich in Relationen dargestellt
werden können. Das Problem soll am Beispiel der Darstellung von Polygonen
im relationalen Modell verdeutlicht werden.

Ein Polygon wird durch die Koordinaten seiner Eckpunkte beschrieben. Da ein
Polygon aber beliebig viele Eckpunkte haben kann, ist es nicht möglich eine
Relation *polygon* so zu definieren, daß jedes Polygon durch genau ein Tupel
repräsentiert wird, da ja für jede Koordinate jedes Eckpunkts ein Attribut erforderlich wäre. Für das in Bild 3.3 dargestellte Polygon ist in Bild 3.4 eine
Relation mit den Attributen *polygon-id, eckpunkt-nr, x-koord* und *y-koord* angegeben. Sie enthält für jeden Eckpunkt ein Tupel. Da Relationen Mengen sind,
sind die Tupel einer Relation nicht geordnet. Da die Reihenfolge der Eckpunkte
eines Polygons aber erkennbar sein muß, ist es erforderlich ein Ordnungsattribut
(*eckpunkt-nr*) vorzusehen.

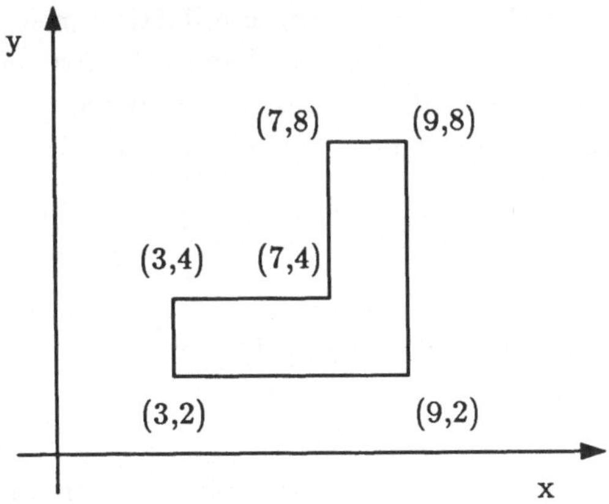

Bild 3.3: Polygon–Beispiel

Der Nachteil dieser Art der Repräsentation ist, daß ein Polygon beim Eintragen
in die Relation in seine Eckpunkte zerlegt werden muß. Umgekehrt müssen beim

polygon	polygon-id	eckpunkt-nr	x-koord	y-koord
	P_1	1	3	2
	P_1	2	9	2
	P_1	3	9	8
	P_1	4	7	8
	P_1	5	7	4
	P_1	6	3	4

Bild 3.4: Relation *polygon* mit Polygon–Beispiel

Auslesen die Eckpunkte wieder aus der Relation entsprechend der durch das Attribut *eckpunkt-nr* gegebenen Reihenfolge zusammengesucht werden.

Eine wesentlich elegantere Repräsentation ergäbe sich hingegen, wenn die Möglichkeit bestünde, einen Datentyp *punktliste* zu definieren, dessen Wertebereich aus beliebig langen Listen von Koordinatenpaaren bestünde. Für die Implementierung wäre es denkbar, in der Relation für einen Wert vom Typ *punktliste* einen Stellvertreter zu speichern, der in einen separaten Speicherbereich verweist, in dem diese Listen von Koordinatenpaaren verwaltet werden.

Mit Hilfe des Datentyps *punktliste* kann dann die Relation *polygon*, wie in Bild 3.5 gezeigt, durch die zwei Attribute *polygon-id* und *eckpunkte* definiert werden, wobei *eckpunkte* vom Typ *punktliste* ist. Für das Polygon *P_1* wird jetzt nur noch ein Tupel benötigt. *PL_1* dient hier als Stellvertreter für die Eckpunktliste des Polygons.

polygon	polygon-id	eckpunkte
	P_1	PL_1

Bild 3.5: Relation *polygon* mit Attribut *eckpunkte* vom Typ *punktliste*

Während in der Relation in Bild 3.4 auf die Eckpunkte des Polygons noch einzeln zugegriffen werden kann, ist dies in der Relation nach Bild 3.5 nicht mehr möglich. Ein Wert des Attributs *eckpunkte* besteht aus einer vollständigen Liste von Eckpunkten eines Polygons. Dieser Einzelzugriff wird aber auch nicht benötigt, weil Werkzeuge, die mit geometrischen Objekten arbeiten, ohnehin variabel lange Listen von Koordinaten handhaben müssen.

Dieses einfache Beispiel zeigt bereits deutlich, daß es in einem Datenmodell für CAD–Anwendungen möglich sein sollte, Datentypen zu definieren. Denkbar wäre auch die Ausdehnung dieses Konzepts auf abstrakte Datentypen [Liskov, Zilles 1974]. Dadurch erhielte man eine exakte Definition der auf diesen Datentypen erlaubten Operationen. Angewendet auf unser Beispiel könnte man für den Datentyp *punktliste* eine Operation definieren, die die Selbstüberschneidungsfreiheit eines Polygons überprüft.

3.2 Anforderungen an Werkzeugschnittstellen

Operationale Schnittstellen in herkömmlichen Datenbanksystemen sind die in den sogenannten Datenmanipulationssprachen (DML = data manipulation language) zur Verfügung stehenden Operationen. Bei diesen DMLs unterscheidet man gewöhnlich zwischen prozeduralen und nichtprozeduralen Sprachen. Bei Verwendung einer prozeduralen DML muß der Anwender dem Datenbanksystem durch eine Folge von Operationen (einer "Prozedur") vorgeben, wie die gewünschten Datensätze aus dem Datenbestand der Datenbank zu ermitteln sind. Diese Arbeitsweise ist sehr häufig anzutreffen, wenn die Datenbankzugriffe aus einem Anwendungsprogramm heraus erfolgen, das in einer herkömmlichen Programmiersprache wie z.B. FORTRAN oder COBOL geschrieben ist. Sie wird häufig auch durch den Begriff "navigierend" charakterisiert. Der Anwender bzw. das Anwendungsprogramm muß das Schema genau kennen und sozusagen durch die Datenstruktur "navigieren", um an die gewünschten Informationen zu gelangen. Das Anwendungsprogramm erhält in der Regel vom Datenbanksystem ein Objekt nach dem anderen. Die Schnittstelle zwischen Datenbanksystem und Anwendungsprogramm gestaltet sich dabei sehr einfach.

In nichtprozeduralen Sprachen werden die gewünschten Datensätze durch die Angabe von Prädikaten, die sie erfüllen müssen, spezifiziert. Welche Operationen im einzelnen erforderlich sind, um die Menge von Datensätzen zu ermitteln, das bleibt dem Datenbanksystem überlassen. Eine derartige Arbeitsweise ist typisch für Anfragesprachen (query languages), die vornehmlich für den Dialog zwischen Benutzer und Datenbanksystem geschaffen wurden. Ein typischer Vertreter dieser Sprachen ist z.B. SQL (vgl. Abschnitt 2.1). In SQL beschreibt der Anwender eine Relation durch die Angabe von Prädikaten, denen die Tupel dieser Relation genügen müssen. Die Prädikate beziehen sich auf Attribute von vorhandenen Relationen.

Wenn man Aufrufe an eine solche nichtprozedurale Sprache in eine herkömmliche Programmiersprache einbetten will, muß ein Mechanismus spezifiziert werden, mit dem die qualifizierten Tupel dem Programm einzeln zur Weiterbearbeitung übergeben werden können, da die Verarbeitung beliebiger Mengen in herkömmlichen Programmiersprachen kaum möglich ist. Auch bei der Verwendung nichtprozeduraler Sprachen muß der Anwender das Datenbankschema genau kennen, denn nur so ist er in der Lage, die für die Bestimmung der Zielmenge von Datensätzen notwendigen Prädikate korrekt zu formulieren.

Im folgenden sollen einige Gründe dafür angeführt werden, warum die von herkömmlichen Datenbanksystemen angebotenen Datenmanipulationssprachen als Schnittstellen für CAD–Werkzeuge nicht sehr gut geeignet sind. Wie oben erläutert, ist für die Anwendung sowohl von prozeduralen als auch von nichtprozeduralen DMLs die Kenntnis des Schemas erforderlich. Die Details eines z.B. relationalen Schemas sollten aber dem Werkzeug soweit wie möglich verborgen bleiben. Dies hätte den Vorteil, daß die Programmierung der Werkzeuge weitgehend schemaunabhängig ausgeführt werden kann, was nicht zuletzt deswegen von Vorteil ist, weil sich die zur Verfügung stehenden Datenmodelle entsprechend dem in Abschnitt 3.1 angegebenen Anforderungskatalog weiter entwickeln werden. Die Werkzeuge brauchen dann nicht ständig angepaßt zu werden.

Außerdem ist ein relationales Schema z.B. für Layout–Daten stärker von den Möglichkeiten, die das Datenmodell zur Verfügung stellt, bestimmt als von der logischen Sicht der Objekte durch Werkzeuge, wie z.B. Layout–Editoren. Auch um die Akzeptanz eines CAD–Datenbanksystems für Werkzeugentwickler zu erhöhen, ist es erforderlich eine operationale Werkzeugschnittstelle anzubieten, die datenbanktechnische Details verbirgt. Im Grunde genommen ist diese Forderung nur die konsequente Fortsetzung der in Abschnitt 3.1 angestellten Überlegungen. Wenn man nämlich ein Datenmodell als eine Sammlung von abstrakten Datentypen auffaßt, gehört zur Festlegung der Domänen dieser Datentypen auch die Spezifikation der erlaubten Operationen auf den Daten. Auf diesen Aspekt werden wir in Kapitel 6 zurückkommen.

Wenn das Entwurfsdatenbanksystem auf einem relationalen Datenbanksystem
aufgebaut werden soll, sollten sich die Operationen der Werkzeugschnittstelle semantisch durch die Relationenalgebra bzw. das Relationenkalkül erklären lassen.
Es gibt aber Operationen, die in Entwurfswerkzeugen benötigt werden, für die
das nicht möglich ist. Ein Beispiel dafür ist die Berechnung der transitiven Hülle
von Zellreferenzen in einem hierarchisch strukturierten Entwurf (vgl. Abschnitt
4.1.3 bzw. [Codd 1979]). Hierfür müssen dann spezielle Lösungen bzw. eine entsprechende Erweiterung der Relationenalgebra in Betracht gezogen werden.

In Bild 3.6 sind die Komponenten eines Entwurfsdatenbanksystems schematisch
dargestellt. Diese Darstellung impliziert nicht unbedingt, daß die Operationen
der Werkzeugschnittstelle mit Hilfe der Relationenalgebra implementiert werden
müssen. Um das, was unter einer operationalen Werkzeugschnittstelle zu verstehen ist, etwas anschaulicher werden zu lassen, sind im folgenden einige typische
Operationen, wie sie in Layout–Werkzeugen vorkommen, aufgelistet:

- liefere alle Elemente innerhalb eines Fensters

- liefere alle Elemente bis zu einer bestimmten Expansionsebene

- liefere alle Elemente auf einem Layer

Eine ähnliche Gliederung eines Entwurfsdatenbanksystems in mehrere Ebenen
mit entsprechenden Schnittstellen wird in [Härder, Reuter 1985] vorgeschlagen.

3.3 Anforderungen an die Datenorganisation

In diesem Abschnitt sollen die besonderen Anforderungen eines Entwurfssystems
für VLSI–Schaltungen an die Datenorganisation behandelt werden. Unter diesem Begriff sollen alle "organisatorischen" Maßnahmen eines Datenbanksystems
verstanden werden, die der Konsistenzsicherung und der Kontrolle des Mehr-
fachzugriffs dienen.

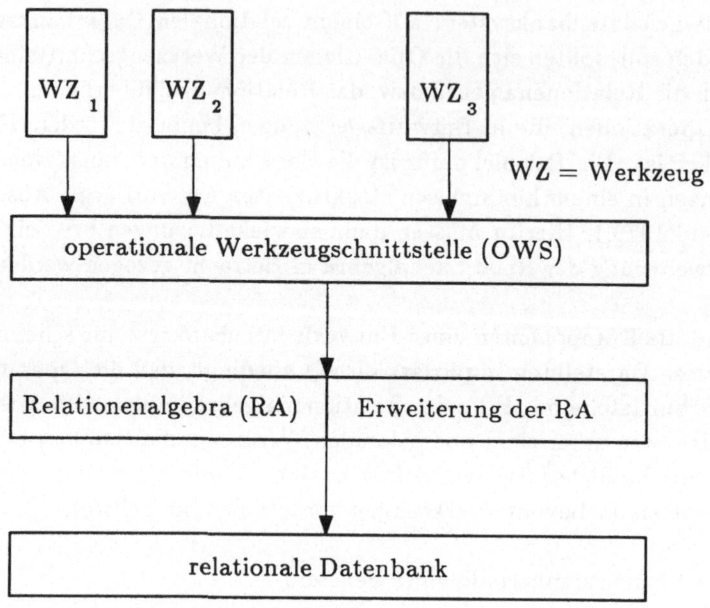

Bild 3.6: Entwurfssystem mit relationaler Datenbank

Konsistenz

Zentraler Begriff in klassischen Datenbanksystemen ist die Konsistenz, die die Korrektheit der gespeicherten Daten gegenüber der realen Welt ausdrücken soll. Die Möglichkeiten eines Datenbanksystems, diese Korrektheit der Daten zu überprüfen bzw. sicherzustellen, sind durchaus begrenzt. Eine Aussage darüber, ob ein einzelner Wert korrekt ist oder nicht, ist grundsätzlich durch das Datenbanksystem selbst nicht möglich. Deshalb werden sogenannte Integritätsbedingungen formuliert, deren Einhaltung von Datenbanksystemen überprüft werden kann. Sie stellen notwendige Bedingungen für die Konsistenz der Daten dar. Eine typische Integritätsbedingung für eine Unternehmensdatenbank ist z.B.:

"Das Gehalt jedes Angestellten ist kleiner als das seines Abteilungsleiters."

Daß derartige Bedingungen nicht hinreichend sein können, ist evident. Die Überwachung von Integritätsbedingungen ist auch in einem Datenhaltungssystem für VLSI–Entwurfsdaten nützlich. Aufgrund der höheren Komplexität der Entwurfsobjekte sagt deren Einhaltung aber nicht sehr viel über die Korrektheit der Daten aus. Diese kann in der Regel nur durch spezielle Validierungswerkzeuge, z.B. Design Rule Checker für Layouts integrierter Schaltungen, geprüft werden. Das bedeutet, daß die wesentlichen Konsistenzüberprüfungen außerhalb des Datenhaltungssystems durchgeführt werden. Zur Unterstützung dieser Art der Konsistenzsicherung sollte ein Entwurfsdatenhaltungssystem Mechanismen bereitstellen, mit deren Hilfe Entwurfsobjekte als "geprüft" gekennzeichnet bzw. Benutzer auf noch nicht durchgeführte Prüfschritte hingewiesen werden können. Ein wesentlicher Grund für die Komplexität der Konsistenz von Entwurfsdaten besteht in der Speicherung verschiedener Sichten des gleichen Objekts. Hier tritt insbesondere das Problem auf, daß die Änderung einer Objektsicht die Änderung anderer Sichten nach sich ziehen muß. So muß z.B. bei einer Änderung der Logik auch das zugehörige Layout einer Schaltung verändert werden, um zu gewährleisten, daß durch das Layout auch die gewünschte Logik implementiert wird. Ein Entwurfsdatenhaltungssystem sollte daher die Formulierung von Konsistenzabhängigkeiten zwischen Objektsichten gestatten.

Transaktionen

In herkömmlichen Datenbanksystemen besteht die wichtigste Maßnahme zur Verhinderung von Konsistenzverletzungen durch konkurrierenden Zugriff durch mehrere Benutzer oder durch Systemfehler in der Zusammenfassung einer Folge von Datenmanipulationsoperationen zu sogenannten Transaktionen. Diese Zusammenfassung bewirkt, daß die Operationenfolge entweder vollständig oder überhaupt nicht durchgeführt wird. Dies bedeutet auch, daß es möglich sein muß, eine begonnene Transaktion im Fehlerfall auf ihren Anfang zurückzusetzen. Transaktionen transformieren den Inhalt einer Datenbank von einem konsistenten Zustand in einen neuen konsistenten Zustand. Dieses Transaktionskonzept ist in dieser Form für ein Entwurfsdatenhaltungssystem aus folgenden Gründen nicht tragbar:

1. Da, wie oben erläutert, für Entwurfsdatenbanken von einem erheblich erweiterten Konsistenzbegriff ausgegangen werden muß, ist es auch nicht möglich die Konsistenz des gesamten Datenbestandes durch Transaktionen zu gewährleisten. Die Gesamtheit der ein komplexes Entwurfsobjekt beschreibenden Daten ist streng genommen erst am Ende des Entwurfsprozesses konsistent, d.h. korrekt bezüglich der Funktionsspezifikation der entworfenen Schaltung. Während des Entwurfsprozesses müssen in der Datenbank nicht konsistente Zwischenzustände gespeichert werden, so daß die o.g. Vor-

aussetzung für eine Transaktion, nämlich der konsistente Ausgangszustand, in der Regel nicht vorliegt. Diese Voraussetzung ist allenfalls für bestimmte Teilobjekte erfüllt.

2. Das wichtigste Hilfsmittel bei der Durchführung von Transaktionen ist das Sperren der von der Transaktion betroffenen Datenelemente. Aufgrund der komplexen Objektstruktur ist bei einer Transaktion im Entwurfsprozeß möglicherweise ein sehr großer Teil der Entwurfsdaten betroffen. Das Sperren all dieser Daten würde zu einer unzumutbaren Behinderung der anderen Benutzer führen, zumal beim Entwurf hochintegrierter Schaltungen in der Regel mehrere Entwerfer an verschiedenen Teilen eines Objekts arbeiten.

3. Typisch für CAD–Transaktionen ist deren lange Dauer (Tage, Wochen). Dies bedeutet zum einen, daß es nicht akzeptabel ist, beim Auftreten von Systemfehlern oder Konsistenzverletzungen, Transaktionen auf ihren Anfang zurückzusetzen. Zum anderen dürfen auch die Objekte nicht während der gesamten Dauer der Transaktion gesperrt werden.

Als wichtigste Forderung an ein neuartiges Transaktionskonzept ergibt sich aus den angeführten Gesichtspunkten, daß ein Entwurfsdatenhaltungssystem in der Lage sein muß, auf Konsistenzverletzungen flexibel zu reagieren. Das "Alles–oder–Nichts"–Prinzip herkömmlicher Datenbanksysteme ist unzureichend. Konsistenzverletzungen müssen zumindest zeitweise toleriert werden, gleichwohl soll der Benutzer durch das Datenhaltungssystem geführt werden, die Konsistenz wiederherzustellen.

Im engen Zusammenhang mit der Organisation eines kontrollierten Mehrbenutzerzugriffs steht auch die für den Entwurfsbereich besonders wichtige Forderung, eine dezentrale Arbeitsweise zu ermöglichen. Der Entwurfsprozeß spielt sich in zunehmenden Maße auf sogenannten Arbeitsstationen (Workstations) ab. Von seinem Arbeitsplatz aus muß der Entwerfer Zugriff auf den zentralen Datenbestand haben, gleichzeitig soll aber der lokale Datenbestand in seiner Arbeitsstation auch durch das (verteilte) Datenhaltungssystem verwaltet werden.

Einige der in der Literatur vorgestellten Konzepte bezüglich Konsistenz und Transaktionen werden in Kapitel 4 kurz behandelt. Im übrigen steht dieser Problembereich nicht im Vordergrund der weiteren Betrachtungen.

3.4   Effizienzanforderungen

Sehr wesentlich für die Akzeptanz eines Entwurfsdatenhaltungssystems ist die Geschwindigkeit, mit der einem Werkzeug die zu bearbeitenden Objekte zur Verfügung gestellt werden. Dies ist insbesondere dann von Bedeutung, wenn es sich um interaktive Werkzeuge, wie z.B. Layout–Editoren handelt, da sich hier Effizienzverluste sehr direkt in Wartezeiten für den Benutzer niederschlagen. Nun wäre der Vergleich der reinen Zugriffszeiten auf Entwurfsobjekte mit und ohne Einsatz eines zentralen Datenhaltungssystems sehr vordergründig, weil die Leistungen, die ein solches System bietet — wie z.B. die Vereinfachung der Anwendungsprogramme, die Datenunabhängigkeit usw. —, nun einmal nicht ohne Auswirkungen auf die Zugriffszeiten bleiben können. Der Zeitaufwand und die Kosten, die durch eine unzureichende Datenverwaltung entstehen, um letztlich ein korrektes Entwurfsergebnis zu erzielen, müßten in die Betrachtung des Effizienzvergleichs miteinbezogen werden. Trotzdem darf der Einsatz einer zentralen Datenhaltung insbesondere bei interaktiven Werkzeugen nicht zu unvertretbar hohen Reaktionszeiten führen. Dies stellt besondere Anforderungen an ein Entwurfsdatenhaltungssystem.

In [Guttmann, Stonebraker 1982] werden die Zugriffszeiten auf geometrische Objekte durch den Layout–Editor KIC [Keller 1981] verglichen mit denen, die bei Benutzung des relationalen Datenbanksystems INGRES [Held u.a. 1975] zur Speicherung der Objekte auftreten. Zu diesem Zweck wurde ein einfaches relationales Schema zur Speicherung von Rechtecken, Polygonen, Leiterbahnen und Zellen, die selbst wieder aus geometrischen Primitiven und Zellreferenzen bestehen, definiert.

Beim Zugriff auf alle Unterobjekte einer Zelle (mit und ohne Expansion der referenzierten Zellen) ist das Programm, das mit INGRES arbeitet, etwa um den Faktor 5 langsamer als KIC. Beim Zugriff auf alle Objekte innerhalb eines Fensters beträgt der Faktor sogar 45. Die Ursache hierfür ist, daß KIC eine spezielle Datenstruktur für den "räumlichen" Zugriff auf geometrische Objekte benutzt, die in INGRES nicht verfügbar ist. Daraus läßt sich die Forderung ableiten, daß ein Entwurfsdatenbanksystem in der Lage sein muß, Zugriffspfade (Sekundärindizes) für die räumliche Suche bereitzustellen. Dies läßt sich dahingehend erweitern, daß für die in Abschnitt 3.1 erwähnten abstrakten Datentypen "abstrakte" Indizes definierbar sein sollten. In [Stonebraker u.a. 1983] wird ein entsprechender Vorschlag unterbreitet.

In [Felix u.a. 1986] wird die Implementierung verschiedener auf der Layout–
Beschreibungssprache CIF [Mead, Conway 1980] basierender relationaler Schemata für INGRES beschrieben. KIC wurde für die Messungen so modifiziert,
daß er zum Lesen und Schreiben der Layout–Daten auf die Datenbank zugreift.
Die Laufzeiten für das Lesen und Zurückschreiben von Zellhierarchien werden
mit denen der Originalversion von KIC verglichen. Bei günstiger Wahl von Sekundärindizes in INGRES ergeben sich für die Leseoperationen vergleichbare
Zugriffszeiten, während für die Schreiboperationen das Ergebnis unbefriedigend
ist.

Ein ähnliches Experiment wie das von Guttmann und Stonebraker wird in [Wie-
derhold u.a. 1982] beschrieben. Hier werden die Zugriffszeiten auf alle Unterobjekte einer ALU, expandiert bis auf die Transistorebene, gemessen. Als Ver-
gleichsobjekte werden ein Entwurfssystem mit eigener spezialisierter Datenverwaltung und ein Programm, das mit einer CODASYL–Datenbank (DBMS-20
von Digital Equipment Corporation) arbeitet, benutzt. Hier zeigt sich, daß der
Faktor der Verlangsamung bei Benutzung des Datenbanksystems kleiner als 2
ist, was unter Berücksichtigung der Flexibilität und allgemeinen Nutzbarkeit der
CODASYL–Datenbank als akzeptabel angesehen wird.

Zu allen Experimenten muß angemerkt werden, daß es sich sowohl bei INGRES
als auch bei DBMS-20 um kommerziell verfügbare Datenbanksysteme handelt,
die für die Experimente in keiner Weise modifiziert wurden und auch die in
den vorausgegangenen Abschnitten diskutierten besonderen Anforderungen an
Entwurfsdatenhaltungssysteme in keiner Weise erfüllen. Es darf daher erwartet
werden, daß sich die Effizienz von datenbankorientierten Entwurfssystemen bei
weitgehender Erfüllung dieser Anforderungen noch erheblich verbessern läßt.

An dieser Stelle sei noch auf einen Fehler hingewiesen, der häufig beim Vergleich
der Effizienz von Datenbanksystemen mit Dateiverwaltungssystemen gemacht
wird. Es werden die Ausführungszeiten von sehr mächtigen relationalen Operationen, die ganze Relationen verarbeiten und als Resultat liefern, mit denen
satzorientierter Operationen auf Dateien verglichen. Obwohl es unstrittig ist, daß
ein versierter Programmierer eine Folge von Dateizugriffen effizienter program-
mieren kann, als es ein automatischer Optimierer für Datenbankanfragen vermag,
muß doch berücksichtigt werden, daß auch diese Optimierer, die heute in nahezu
allen Datenbanksystemen vorhanden sind, immer leistungsfähiger werden. Sie
sind z.B. in der Lage, aufgrund statistischer Analysen von Datenbankzugriffen

automatisch Sekundär–Zugriffspfade zu erzeugen. Dies geschieht für den Benutzer völlig transparent, und – fast noch wichtiger – Anwendungsprogramme brauchen nicht modifiziert werden. Auch dieser Aspekt der Datenunabhängigkeit relationaler Systeme muß bei Vergleichen der Leistungsfähigkeit beachtet werden. (Vgl. hierzu auch [Haynie 1983b].)

4 Datenbankkonzepte für VLSI/CAD

In diesem Kapitel soll ein Überblick über die neueren Entwicklungen der Datenbanktechnik, einen höheren Grad an Semantik in das Datenmodell miteinzubeziehen, als dies bei den konventionellen Modellen der Fall ist, gegeben werden. Hierbei kann man grob unterscheiden zwischen solchen Datenmodellen, die für eine bestimmte Klasse von Anwendungen konzipiert wurden, und solchen, die allgemeine Strukturierungskonzepte beinhalten. In Abschnitt 4.1 sollen zunächst die allgemeineren Konzepte unter dem Blickwinkel der Anwendbarkeit auf die Probleme der integrierten Datenhaltung in VLSI–Entwurfssystemen behandelt werden.

In Abschnitt 4.2 werden die wichtigsten Datenbankkonzepte für CAD–Anwendungen (insbesondere VLSI/CAD) dargestellt. Dabei wird versucht werden, diese Ansätze in ein zweidimensionales Klassifikationsschema einzuordnen, um eine bessere Übersicht über die Vielzahl von Vorschlägen zu bekommen. Dabei wird einerseits unterschieden, zu welchen der im vorigen Kapitel benannten Anforderungsklassen die jeweiligen Konzepte einen Beitrag leisten, andererseits wird berücksichtigt, ob und wie weit sie sich auf herkömmliche Datenmodelle abstützen.

Es wird im Zusammenhang mit der Entwicklung von Datenmodellen häufig von sogenannten semantischen Datenmodellen gesprochen. Hierzu ist anzumerken, daß es keinen Gegensatz zwischen den neueren semantischen und den herkömmlichen "syntaktischen" Datenmodellen gibt. Auch in herkömmlichen Datenmodellen sind mit bestimmten syntaktischen Konstrukten auch bestimmte Semantiken verbunden. So fließt z.B. durch die Theorie der Normalformen von Relationen [Codd 1971b] ein hohes Maß an Semantik in die Konstruktion eines relationalen Schemas mit ein. Es besteht hier nur ein Unterschied hinsichtlich des Umfangs, mit dem die Bedeutung der Daten sich im Datenmodell strukturell ausdrücken läßt. Wesentlich dabei ist allerdings, daß neben den Datenstrukturen auch entsprechend mächtige Operationen zur Verfügung gestellt werden, weil andernfalls der Benutzer die erweiterte Semantik des Datenmodells nicht nutzen kann.

Je weiter man die Einbeziehung der Semantik in ein Datenmodell treibt, desto eher wird dabei eine bestimmte Anwendung im Hintergrund stehen. Dies wird auch durch die Vielzahl von Konzepten für VLSI/CAD–Anwendungen, die sich in der Fachliteratur finden, belegt. Obwohl es für eine Übergangszeit als durchaus sinnvoll erscheint, für Anwendungsbereiche mit speziellen Anforderungen auch spezielle und damit möglicherweise sehr effiziente Lösungen zu entwickeln, darf angenommen werden, daß sich in der Zukunft eher solche Konzepte durchsetzen werden, die für ein breiteres Anwendungsspektrum geeignet sind. Dies ist vor allem auch eine Kostenfrage, da die Entwicklung von auf neuen Datenmodellen basierenden Datenbanksystemen bis zur Produktreife ein außerordentlich kostspieliges Unterfangen ist.

Andererseits läßt sich auch feststellen, daß Lösungen, die für ein Anwendungsgebiet gefunden wurden, sich manchmal auch auf andere Gebiete übertragen lassen. In [Brown 1988] wird z.B. eine Datenbasis für Software–Produktionsumgebungen beschrieben, die auf einem Schema basiert, das sich nahezu unverändert in ein Schema für den Schaltungsentwurf übertragen läßt.

4.1   Semantische Datenmodelle

Die in herkömmlichen, verfügbaren Datenbanksystemen zur Anwendung kommenden Datenmodelle (das hierarchische, das netzartige und das relationale Datenmodell) weisen hinsichtlich ihrer Anwendbarkeit für Entwurfsdatenbanken als Hauptnachteil die ungenügende Modellierbarkeit komplexer Objekte auf. Die in diesem Abschnitt vorgestellten Datenmodelle werden daher insbesondere hinsichtlich ihrer Eignung zur Modellierung komplexer Objektstrukturen betrachtet. Der Nachteil dieser Datenmodelle besteht zum einen darin, daß es sich um Konzepte handelt, die bisher nur auf dem Papier existieren, zum anderen werden hier zwar sehr mächtige Datenstrukturen eingeführt, während die Operationen auf diesen Datenstrukturen oft nur unzulänglich definiert werden.

4.1.1   Das Entity–Relationship–Modell

Das Entity–Relationship–Modell (ER–Modell) wurde 1976 von Chen vorgestellt [Chen 1976]. Diese Veröffentlichung hat zu einer Reihe von Vorschlägen zur

Erweiterung des Modells geführt, wir wollen uns hier aber auf die Diskussion des ursprünglichen Konzepts von Chen beschränken.

Obwohl es bis heute kein nach diesem Datenmodell arbeitendes Datenbanksystem gibt, hat die im ER–Modell benutzte graphische Notation von Datenbankschemata, die sogenannten ER–Diagramme, weite Verbreitung gefunden.

Im ER–Modell werden zwei Datentypen unterschieden: die Objekttypen (*entity types*) und die Beziehungstypen (*relationship types*). Die Objekttypen dienen dazu, Objekte der realen Welt – das können Gegenstände, Personen oder Ereignisse sein – in Klassen einzuteilen. Die Menge der zu einem Typ gehörenden Objekte wird Objektmenge (*entity set*) genannt. Zu jedem Objekttyp gehört ein Prädikat, anhand dessen geprüft wird, ob ein Objekt zu der durch den Objekttyp spezifizierten Menge gehört.

Eine Menge von Beziehungen, die zu einem bestimmten Beziehungstyp gehören, kann durch eine mathematische Relation beschrieben werden. Seien $e_1, e_2, \ldots, e_n$ Objekte der Objektmengen $E_1, E_2, \ldots, E_n$. Dann kann eine Beziehungsmenge folgendermaßen definiert werden:

$$\{[e_1, e_2, \ldots, e_n] \mid e_1 \in E_1, e_2 \in E_2, \ldots e_n \in E_n\}$$

Dabei ist jedes Tupel $[e_1, e_2, \ldots, e_n]$ eine Beziehung. Die Objektmengen E_i müssen nicht notwendig paarweise verschieden sein.

Ein Schema wird nun als ER–Diagramm beschrieben. Dabei werden Objekttypen durch Rechtecke und Beziehungstypen als Rauten dargestellt. In Bild 4.1 ist ein einfaches Beispiel für ein ER–Diagramm angegeben.

Dieses ER–Diagramm legt fest, daß es zwei Objekttypen, *Schaltung* und *Bauteil*, sowie einen Beziehungstyp *enthält* gibt. Die Verbindungslinien zwischen dem Beziehungstyp und den beiden Objekttypen bedeuten, daß der Beziehungstyp *enthält* über den Objekttypen *Schaltung* und *Bauteil* definiert ist. Jedes Tupel der entsprechenden Beziehungsmenge (Relation) beschreibt die Zugehörigkeit eines bestimmten Bauteils zu einer bestimmten Schaltung.

Die Bezeichnungen an den Verbindungslinien drücken die Kardinalität des Be-

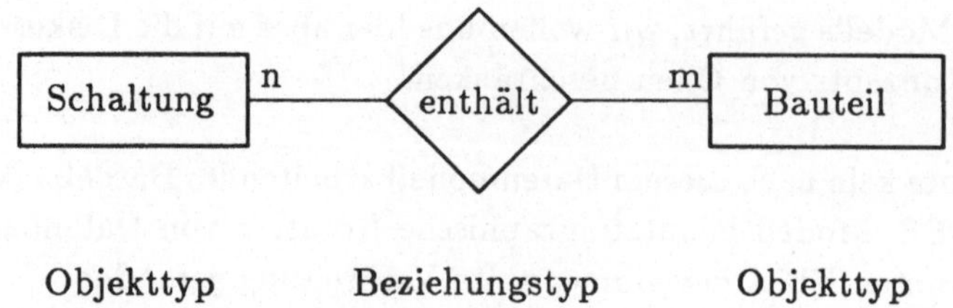

Bild 4.1: Ein einfaches ER–Diagramm

ziehungstyps aus. Es kann sich um eine 1:1–Beziehung, eine funktionale (1:n) oder eine sogenannte m:n–Beziehung handeln. Im obigen Beispiel wird durch die Bezeichnung der Knoten mit m und n ausgedrückt, daß eine Schaltung aus mehreren Bauteilen besteht und daß ein Bauteil in mehreren Schaltungen Verwendung finden kann. Das ER–Diagramm in Bild 4.1 muß aufgrund der Namensgebung für den Beziehungstyp von links nach rechts gelesen werden. Um davon unabhängig zu sein, werden Beziehungstypen häufig durch die Aneinanderreihung der Objekttypnamen, die an der Beziehung beteiligt sind, bezeichnet. Der Beziehungstyp in Bild 4.1 erhielte dann den Namen *Schaltung/Bauteil.* Diese Art der Bezeichnungsweise führt allerdings zu Schwierigkeiten, wenn zwischen zwei Objekttypen mehrere Beziehungstypen definiert sind.

Ein Beziehungstyp kann im ER–Modell über beliebig vielen Objekttypen definiert sein. In Bild 4.2 ist ein Beispiel für eine ternäre Beziehung dargestellt. Beim Entwurf von hochintegrierten digitalen Schaltungen hat sich die Verwendung von *Zellen* als Grundstrukturmuster als zweckmäßig erwiesen. Zellen können dabei sehr einfache Grundbausteine – z.B. für die logischen Verknüpfungen – aber auch komplexe Komponenten eines Mikroprozessors sein. Bei der Beschreibung von Zellen unterscheidet man zwischen der Schnittstelle und dem Inhalt einer Zelle, die jeweils selbst wieder sehr komplexe Gebilde sein können. Eine Zelle, die das Layout eines MOS–Transistors beschreibt, enthält in der Schnittstellenbeschreibung die Position und Ausdehnung der Kontakte für die Source–, Gate– und Drain–Anschlüsse, während die Inhaltsbeschreibung aus den geometrischen Elementen, die zur Implementierung eines MOS–Transistors notwendig sind, besteht. Das ER–Diagramm in Bild 4.2 beschreibt durch den Beziehungstyp *Zelle/Schnittstelle/Inhalt* den Zusammenhang, daß zu einer *Zelle* genau eine *Schnittstelle* und genau ein *Inhalt* gehört.

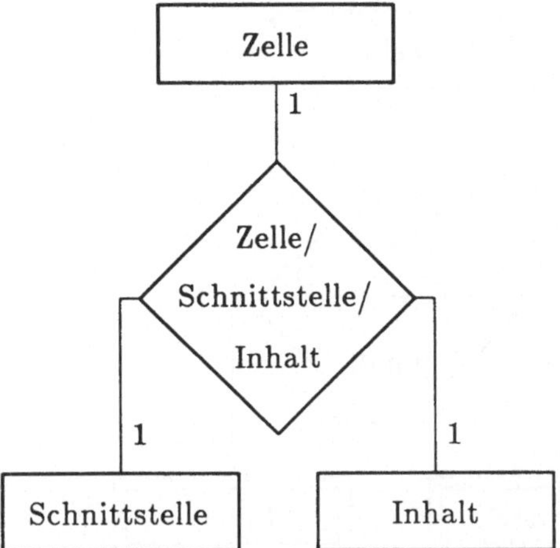

Bild 4.2: Beispiel für eine ternäre Beziehung

Rekursive Beziehungstypen, durch die ein Objekttyp mit sich selbst in Beziehung gesetzt wird, sind im ER–Modell ebenfalls erlaubt.

Die Tatsache, daß Objekte nur in Abhängigkeit von anderen Objekten nicht aber selbständig existieren, läßt sich im ER–Modell durch die Einführung sogenannter *schwacher Objekttypen* (*weak entity types*) ausdrücken. Dieser Sachverhalt wird in ER–Diagrammen durch doppelt umrandete Rechtecke für die *schwachen Objekttypen* und Pfeilen, die auf diesen Objekttypen enden, dargestellt. Angewandt auf das Beispiel aus Bild 4.2 läßt sich nun ausdrücken, daß Objekte der Objekttypen *Schnittstelle* und *Inhalt* nur existieren können, wenn das zugehörige Objekt vom Typ *Zelle* existiert. Das entsprechend modifizierte ER–Diagramm ist in Bild 4.3 angegeben.

Mit dieser Methode lassen sich komplexe Objektstrukturen, wie sie in Kapitel 3 eingeführt wurden, modellieren. Die Möglichkeit, Existenzabhängigkeiten zu formulieren, erfordert, daß Manipulationsoperationen diese auch berücksichtigen. Wenn z.B. ein Objekt vom Typ *Zelle* gelöscht wird, müssen auch die zugehörigen abhängigen Objekte vom Typ *Schnittstelle* und *Inhalt* gelöscht werden.

Objekte und Beziehungen werden im ER–Modell durch Angabe von Attribut–Werte–Paaren beschrieben. Werte werden dabei in Mengen, Wertebereiche (*value sets*) genannt, eingeteilt. Attribute sind demnach mathematisch gesehen

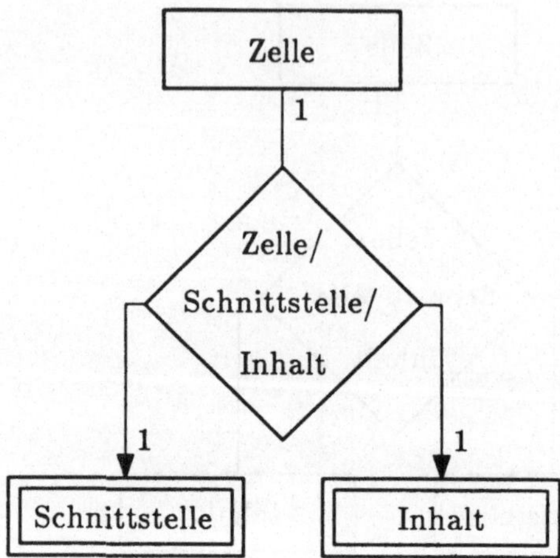

Bild 4.3: Darstellung der Existenzabhängigkeit

Abbildungen von Objekten auf Wertebereiche, bzw. kartesische Produkte von Wertebereichen:

$$f : E_i \text{ oder } R_i \;\rightarrow\; V_i \text{ oder } V_{i_1} \times V_{i_2} \times \ldots V_{i_n}$$

Dabei sind E_i Objekttypen, R_i Beziehungstypen und V_i Wertebereiche. Zu jedem Wertebereich existiert ein Prädikat, anhand dessen überprüft werden kann, ob ein Wert zu diesem Wertebereich gehört.

Im ER–Diagramm werden Wertebereiche durch Ovale und die Attribute durch benannte gerichtete Kanten von den Objekt– bzw. Beziehungstypen zu den Wertebereichen dargestellt. Bild 4.4 zeigt das ER–Diagramm von Bild 4.3 ergänzt um einige Attribute.

Ein Attribut oder eine Gruppe von Attributen kann dazu benutzt werden, um Objekte eines Typs eindeutig zu identifizieren. Ein solches Attribut oder eine solche Attributgruppe wird Primärschlüssel (*primery key* oder *entity key*) genannt. In unserem Beispiel könnte das Attribut *Zellidentifizierer* Primärschlüssel des Objekttyps *Zelle* sein. Voraussetzung für die Schlüsseleigenschaft ist, daß die Abbildung zwischen Objektmenge und Wertebereich eindeutig ist.

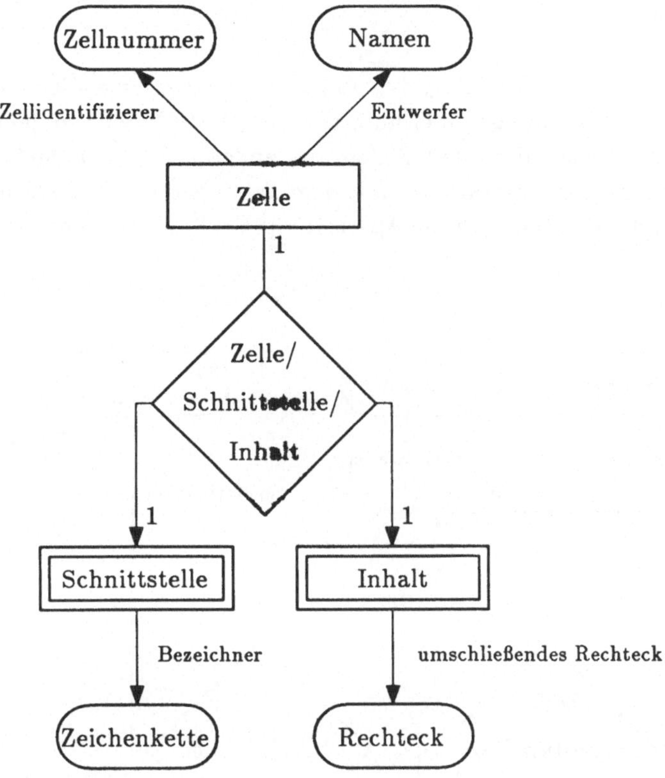

Bild 4.4: Darstellung von Attributen und Wertebereichen

Bei Beziehungstypen besteht der Primärschlüssel aus den Schüsseln der beteiligten Objekttypen.

Schwache Objekttypen besitzen in der Regel keine eigenen Primärschlüssel. Zur Identifizierung wird die Beziehung zum übergeordneten Objekt bzw. dessen Primärschlüssel verwendet.

Objekt– und Beziehungstypen können in natürlicher Weise in Relationen des relationalen Modells überführt werden. Lediglich schwache Objekttypen können wegen der Nichteindeutigkeit ihrer Objekte nicht direkt als Codd'sche Relationen dargestellt werden. Als zusätzliches Attribut muß der Primärschlüssel des übergeordneten regulären Objekttyps hinzugenommen werden. Eine detaillierte Methodologie zum Entwurf von Relationen aus ER–Diagrammen findet sich in

[Teorey u.a. 1986].

Bild 4.5 zeigt das um den Beziehungstyp *Inhalt/Zelle* erweiterte ER–Diagramm von Bild 4.4. Dieser Beziehungstyp erlaubt den für VLSI–Entwurfsobjekte wichtigen Sachverhalt darzustellen, daß Zellen aus anderen Zellen aufgebaut sein können. Das Attribut *Transformation* mit dem Wertebereich *Transformationsmatrix* legt dabei die Position und die Ausrichtung des Layouts einer Zellausprägung fest.

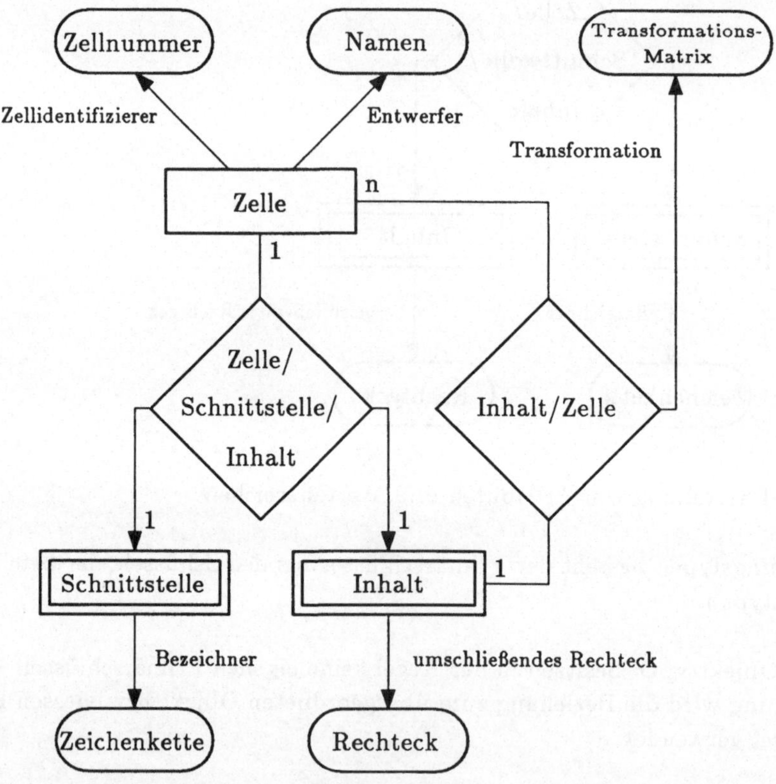

Bild 4.5: Vereinfachtes VLSI–Objektmodell als ER–Diagramm

In Bild 4.6 ist eine relationale Darstellung für die Objekt– und Beziehungstypen aus Bild 4.5 angegeben. Für den Beziehungstyp *Zelle/Schnittstelle/Inhalt* braucht keine Relation angelegt zu werden, da er keine eigenen Attribute besitzt. Die Zuordnung von *Inhalt* und *Schnittstelle* zu einer *Zelle* drückt sich durch das Auftreten des Attributs *Zellidentifizierer* in den Relationen *Schnittstelle* und *Inhalt* aus.

```
Zelle          (Zellidentifizierer, Entwerfer)
Schnittstelle  (Zellidentifizierer, Bezeichner)
Inhalt         (Zellidentifizierer, umgebendes Rechteck)
Inhalt/Zelle   (Zellidentifizierer-übergeordnet,
                Zellidentifizierer-untergeordnet,
                Transformationsmatrix)
```

Bild 4.6: Relationale Darstellung des vereinfachten Objektmodells

Dieses Attribut ist auch als Primärschlüssel (unterstrichen dargestellt) in den beiden Relationen erforderlich, um die Eindeutigkeit der Tupel zu gewährleisten. Primärschlüssel des Beziehungstyps *Inhalt/Zelle* ist die Kombination der Schlüssel der Objekttypen bzw. Relationen *Inhalt* und *Zelle*. Da von beiden Relationen das Attribut *Zellidentifizierer* der Primärschlüssel ist, müssen, um die Eindeutigkeit der Attributnamen zu wahren, die Attributnamen in der Relation *Inhalt/Zelle* mit dem Anhängsel *-übergeordnet* bzw. *-untergeordnet* versehen werden.

In [Chen 1976] werden keine speziellen Operationen für das ER–Modell definiert. Es wird lediglich auf die Anwendbarkeit von Mengenoperationen hingewiesen. Zusammen mit einem Satz von Operationen, der die dem ER–Modell innewohnende Semantik berücksichtigt, stünde ein leistungsfähiges Instrument zur Speicherung und Verarbeitung von Entwurfsdaten zur Verfügung, das die für den VLSI–Bereich typischen Objektstrukturen zu modellieren gestattete.

In [Siepmann 1989] ist ein Datenbankschema für ein VLSI–Entwurfssystem auf der Basis des Entity-Relationship-Modells angegeben. Es enthält Teilschemata für die Bereiche Verhaltens–, Schaltplan–, Flächenplan– und Layout-Beschreibung. Darüberhinaus können Alternativen, Konfigurationen und Versionen von Entwürfen modelliert werden.

4.1.2   Aggregation und Generalisierung

Das Konzept der Abstraktion ist ein in der Datenverarbeitung vielfach verwendetes Mittel zur Strukturierung von Daten. Das Ziel dabei ist, Mengen von Objekten durch Weglassen von Details und durch Beschränkung auf gemeinsame (typische) Eigenschaften in Kategorien einzuteilen. Dies läßt sich dann dadurch fortsetzen, daß wiederum Kategorien von Kategorien gebildet werden und so fort. Man erhält auf diese Weise eine Hierarchie von Kategorien. Dieses Konzept findet man im Bereich der Programmiersprachen in den abstrakten Datentypen wieder. Durch einen Datentyp wird eine Menge von Datenobjekten mit gemeinsamen Eigenschaften beschrieben. Aus bereits definierten Datentypen lassen sich wiederum neue konstruieren.

Im Zusammenhang mit Datenmodellen für Datenbanksysteme werden insbesondere die Abstraktionsmechanismen Aggregation und Generalisierung betrachtet. Unter Generalisierung versteht man die Bildung eines Oberbegriffs für Begriffe mit gemeinsamen Eigenschaften. Fahrräder, Motorräder und Automobile sind Fahrzeuge. Fahrzeug ist der Oberbegriff für die drei Fahrzeugtypen. Man spricht davon, daß eine Menge von Objekttypen (Fahrrad, Motorrad, Automobil) zu einem generischen Objekttyp (Fahrzeug) zusammengefaßt wird. Der generische Objekttyp wird durch die allen Unterobjekttypen gemeinsamen Attribute beschrieben. Das heißt, die Unterobjekte erben die Attributwerte des zugehörigen generischen Objekts. Die Unterobjekttypen können zusätzliche spezielle Attribute haben.

Bei der Aggregation wird aus mehreren verschiedenen Objekttypen ein neuer hierarchisch übergeordneter Objekttyp gebildet. Die Zusammenfügung verschiedener Attributtypen zu einem Objekttyp oder einer Objektrelation, wie es z.B. im ER–Modell oder im relationalen Datenmodell geschieht, kann als einfachster Fall der Aggregation angesehen werden, sofern es sich bei den Attributtypen um primitive nicht weiter strukturierte Datentypen handelt. Auch die Aggregation läßt sich hierarchisch nach oben fortsetzen, indem Objekttypen, die selbst durch Aggregation entstanden sind, zu einem Objekttyp höherer Ordnung aggregiert werden. Dieser Prozeß wird in herkömmlichen Datenmodellen nicht unterstützt.

Die Abstraktionsmechanismen Aggregation und Generalisierung sind in vielen Datenmodellen implizit oder explizit vorhanden. In [Smith, Smith 1977 a,b] wird ein formaler Rahmen definiert, der es erlaubt, diese Abstraktionsmechanismen in einer PASCAL–ähnlichen Notation zu formulieren. Darüberhinaus werden die Konsequenzen für die Semantik der Datenmanipulationsoperationen ausführlich behandelt.

Der Aggregationsmechanismus nach Smith und Smith soll im folgenden anhand eines einfachen Beispiels erläutert werden. Wir wollen dazu auf das im vorigen Abschnitt benutzte Beispiel des Zusammenhangs zwischen den Objekttypen *Zelle, Schnittstelle* und *Inhalt* zurückkommen (vgl. Bild 4.5). Im ER–Diagramm werden *Schnittstelle* und *Inhalt* als schwache Objekttypen definiert, deren Objekte mit Hilfe der ternären Beziehung *Zelle/ Schnittstelle/ Inhalt* identifiziert werden. Über diese Beziehung wird einer *Zelle* genau eine *Schnittstelle* und ein *Inhalt* zugeordnet. Anders ausgedrückt, enthält eine *Zelle* als wesentliche Bestandteile ein Objekt vom Typ *Schnittstelle* und ein Objekt vom Typ *Inhalt*; *Zelle* ist die Aggregation von *Schnittstelle* und *Inhalt*. Dieser Sachverhalt wird nun in dem in [Smith, Smith 1977a] definierten Formalismus in folgender Weise beschrieben:

```
type inhalt = aggregate [inhalt-id]
              inhalt-id: nummer;
              umschließendes–rechteck: rechteck;
              .

              .

         end;
var inhalte :  collection of inhalt;
```

Durch die Typvereinbarung *inhalt* wird festgelegt, durch welche Unterobjekte oder Attribute ein Objekt von diesem Typ beschrieben wird. Das Attribut *inhalt-id* soll für Objekte diesen Typs identifizierend sein. Die identifizierenden Attribute werden hinter dem Schlüsselwort **aggregate** in eckigen Klammern angegeben.

Durch die Variablenvereinbarung für *inhalte* wird die Menge der zu einem bestimmten Zeitpunkt gültigen Schlüssel für Objekte vom Typ *inhalt* deklariert. In ähnlicher Weise wird der Objekttyp *Schnittstelle* eingeführt:

```
type schnittstelle = aggregate [schnittstelle-id]
                     schnittstelle-id: nummer;
                     bezeichner: zeichenkette;
                     .
                     .
                     .
                     end;
var schnittstellen :  collection of schnittstelle;
```

Als Aggregation dieser beiden Objekttypen wird nun der Typ *zelle* deklariert:

```
type zelle = aggregate [inhalt-id, schnittstelle-id]
             inhalt-id: key inhalte;
             schnittstelle-id: key schnittstellen;
             zellname: zeichenkette;
             entwerfer: zeichenkette;
             .
             .
             .
             end;
var zellen :  collection of zelle;
```

Durch das Schlüsselwort **key** soll ausgedrückt werden, daß z.B. das Attribut *schnittstelle-id* einen Wert aus der Menge *schnittstellen* annehmen darf. Durch die Kombination je eines Wertes aus *inhalte* und *schnittstellen* wird genau ein Objekt aus *zellen* identifiziert.

Diese Struktur der drei Objekttypen wird nun durch die drei folgenden Relationen dargestellt:

```
inhalte          (nummer, rechteck ...)
schnittstellen   (nummer, zeichenkette, ...)
zellen           (inhalt-key, schnittstelle-key,-
                 zeichenkette, name, ...)
```

Als Voraussetzung dafür, daß eine Relation eine Menge von sogenannten *aggre-*

gate objects repräsentiert, werden die folgenden Bedingungen, *relational invariants* genannt, angegeben:

a) Alle Tupel einer Relation haben eindeutige Schlüssel.

b) Ist die Komponente S eines Tupels t einer Relation r Schlüssel einer anderen Relation r', so existiert in r' ein Tupel mit dem Schlüssel $t.S$.

Die Einhaltung dieser Bedingung hat weitreichende Konsequenzen auf Einfüge-, Lösch- und Änderungsoperationen für Relationen. Diese Konsequenzen werden in den vorliegenden Publikationen nur angedeutet und die damit zusammenhängenden Probleme sind zum Teil auch noch ungelöst.

Das Konzept der *aggregate objects* kann als eine Erweiterung des relationalen Datenmodells verstanden werden, bei der die einer Relationenstruktur innewohnende Objekthierarchie durch Typvereinbarungen dem Datenbanksystem bekannt gemacht wird. Zu einer *vollständigen* Erweiterung gehört jedoch auch die Definition der erweiterten Semantik der Datenmanipulationsoperationen, also einer erweiterten Relationenalgebra.

Für die Erläuterung der Generalisierungsabstraktion soll ebenfalls ein Beispiel aus dem VLSI–Layout–Bereich gewählt werden. Die Grundelemente von VLSI–Layouts sind die geometrischen Primitive wie Kreise, Rechtecke und Polygone. Wir wollen ein generisches Objekt *figur* als Generalisierung der Objekte *rechteck*, *kreis* und *polygon* definieren. Die Menge der generischen Objekte vom Typ *figur* sowie die spezifischen Objektmengen *rechtecke*, *kreise* und *polygone* werden auch hier als Variablen deklariert:

```
var figuren:  generic
              f-typ=       (rechtecke, kreise, polygone);
              of
              aggregate [figur-id]
                      figur-id: nummer;
                      f-typ: figur-typ;
                      layer: layername;
                      .
                      .
              end;
```

```
var rechtecke: generic of
            aggregate
                        figur–id: nummer;
                        linksunten: punkt;
                        rechtsoben: punkt;
            end;


var kreise: generic of
            aggregate
                        figur–id: nummer;
                        kreispunkt1: punkt;
                        kreispunkt2: punkt;
            end;


var polygone: generic of
            aggregate
                        figur–id: nummer;
                        eckpunkte: punktliste;
            end;
```

Hinter dem Schlüsselwort *generic* werden die abhängigen Objekttypen eines generischen Objekttyps aufgeführt, sofern solche existieren. Das generische Objekt *figuren* besitzt als abhängige Objekte die Objekte *rechtecke, kreise* und *polygone*. Damit ist die Stellung eines Objekts in einer Hierarchie von generischen Objekten definiert. Durch die *aggregate*–Klausel wird wiederum beschrieben, aus welchen Unterobjekten (primitiven oder zusammengesetzten) ein Objekt besteht. Das Attribut *f–typ* besitzt einen Wertebereich mit Namen *figur–typ*, der aus den Namen der abhängigen Objekte (*rechtecke, kreise, polygone*) besteht. In der in Bild 4.7 angegebenen relationalen Darstellung der Objektstruktur wird daraus ein Attribut, dessen Werte Namen von Relationen sind.

In [Smith, Smith 1977b] werden für die Generalisierungsabstraktion ebenso wie für die Aggregation die sogenannten *relational invariants* spezifiziert, die von den Datenmanipulationsoperationen beachtet werden müssen. Da in den Relationen generischer Objekte Namen von Relationen als Attributwerte auftreten, wird als eine Erweiterung der Relationenalgebra ein Operator SPECIFY eingeführt, der als Argument den Namen einer Relation erhält und die zugehörige Relation abliefert. Weitergehende Ergänzungen der Relationenalgebra werden allerdings nicht diskutiert. Insbesondere die Semantik von Löschoperationen ist nicht klar definiert.

figuren	figur–id	figur–typ	layer
	f1	rechtecke	poly
	f2	rechtecke	poly
	f3	kreise	diff
	f4	polygone	met

rechtecke	figur–id	linksunten	rechtsoben
	f1	(3, 4)	(5, 7)
	f2	(8, 10)	(12, 12)

kreise	figur–id	kreispunkt 1	kreispunkt 2
	f3	(1, 2)	(5, 7)

polygone	figur–id	eckpunkte
	f4	((3, 4), (3, 7), (5, 7), (5, 4))

Bild 4.7: Generische Objekthierarchie über geometrischen Figuren

Abstraktionsmechanismen dieser Art sind ein sehr wichtiges Hilfsmittel zur Datenstrukturierung, deren Anwendung auch beim Entwurf von VLSI–Objektmodellen eine wertvolle Hilfe sein kann.

4.1.3 Das Datenmodell RM/T

Der Schöpfer des relationalen Datenmodells, E.F. Codd, hat 1979 in einem Aufsatz [Codd 1979] eine Reihe der Vorschläge, die nach Veröffentlichung des relationalen Datenmodells bekannt geworden sind und die die Verbesserung der Möglichkeiten, die Semantik der Daten im Modell ausdrücken zu können, zum

Ziel hatten, aufgegriffen und in einem Vorschlag für ein erweitertes relationales Datenmodell, RM/T genannt, zusammengefaßt. Der Vorschlag zeichnet sich dadurch aus, daß nicht nur die erweiterten Möglichkeiten der Datenstrukturierung vorgestellt werden, sondern daß auch der sehr wichtige operationale Aspekt, nämlich die entsprechende Erweiterung der Relationenalgebra, eingehend behandelt wird.

In [Codd 1979] wird zunächst eine Erweiterung der Relationenalgebra für sogenannte Null–Werte vorgestellt, auf die wir hier nicht näher eingehen wollen. Sodann wird ein Schema für die sogenannten *atomic semantics* erläutert, d.h. die Art und Weise wie atomare (nicht zusammengesetzte) Objekte beschrieben werden. Schließlich werden verschiedene Abstraktionsmechanismen zur Bildung hierarchisch gegliederter Objekte (*molecular semantics*) behandelt.

Für die eindeutige Identifizierung von Objekten (*entities*) in der Datenbank sind systemgenerierte Stellvertreter (*surrogates*) vorgesehen. Diese Stellvertreter werden einem speziellen Wertebereich (*E-domain*) entnommen. Sie sind für den Benutzer unsichtbar. Dies bringt im wesentlichen zwei Vorteile: Einmal sind die Primärschlüssel des relationalen Modells der Manipulation durch den Benutzer entzogen. Außerdem braucht der Benutzer keine eindeutigen Schlüssel für Objekte erfinden, die natürlicherweise keine eindeutigen Identifizierer besitzen. Dies ist zum Beispiel für geometrische Objekte, wie sie für VLSI–Layouts benötigt werden, der Fall.

Für jeden Objekttyp (*entity type*) existiert eine unäre Relation (*E-Relation*), in der alle Stellvertreter der zu einem bestimmten Zeitpunkt in der Datenbank vorhandenen Objekte dieses Typs verzeichnet sind.

In RM/T–Modell werden drei Klassen von Objekttypen unterschieden:

(1) **characteristic entity types** dienen zur Beschreibung von hierarchisch übergeordneten Objekttypen.

(2) **associative entity types** sind Beziehungen, die als eigenständige Objekte angesehen werden und den Objekttypen, die sie in Beziehung setzen, hierarchisch übergeordnet sind.

(3) alle übrigen Objekttypen heißen **kernel entity types**.

Objekttypen aller drei Klassen können Untertypen (*subtypes*) jeweils aus der
gleichen Klasse besitzen.

Daneben gibt es noch Beziehungen, die sogenannten *nonentity associations*, die
im Gegensatz zu den *associative entities* keine ihnen zugeordneten *characteristic
entities* besitzen dürfen.

Die Eigenschaften (*properties*) von Objekten, die im relationalen Modell durch
die Attribute spezifiziert sind, werden im RM/T–Modell durch eine oder mehrere sogenannte P–Relationen repräsentiert. Jede P–Relation besitzt als Primärschlüssel ein E–Attribut (Attribut mit dem Wertebereich E–Domain), durch
das die Beziehung zwischen den durch die P–Relation definierten Eigenschaften und dem beschriebenen Objekt hergestellt wird. Eine P–Relation kann ein
ober mehrere Attribute zur Beschreibung der Objekteigenschaften besitzen. Ein
Tupel in einer P–Relation kann nur existieren, wenn der Primärschlüssel in der
zugehörigen E–Relation vorhanden ist, d.h. das Objekt existiert. In Bild 4.8
ist als Beispiel der Objekttyp *zelle* mit der entsprechenden E–Relation und den
zugehörigen P–Relationen definiert.

zelle		zellname		entwerfer_name		
zelle$\not\subset$		zelle$\not\subset$	name	zelle$\not\subset$	vorname	nachname
z0		z0	NAND	z0	Karl	Kurz
(E–Relation)		(P–Relation)		(P–Relation)		

Bild 4.8: E–Relation und P–Relationen des Objekttyps *zelle*

Die Namen der E–Attribute tragen am Ende das Sonderzeichen $\not\subset$. Von diesen
Attributen ist für den Benutzer nur der Name nicht aber die Werte, die systemgenerierten Stellvertreter, sichtbar. Durch eine Verbundoperation (*join*) über
das E–Attribut *zelle$\not\subset$* kann eine Relation erzeugt werden, die alle Eigenschaften
der Objekte vom Typ *zelle* enthält.

Durch eine spezielle Schema–Relation, die *property graph relation* (*PG–Relation*),
wird festgehalten, welche Eigenschaften bzw. P–Relationen zu welchen Objekttypen bzw. E–Relationen gehören.

Mehrwertige Eigenschaften von Objekten werden durch abhängige Objekte, die sogenannten *characteristic entities* beschrieben, die ebenfalls durch P–Relationen zugeordnete Eigenschaften besitzen können. In Bild 4.9 sind die *characteristic entities schnittstelle* und *inhalt* als vom Objekttyp *zelle* abhängige Typen dargestellt.

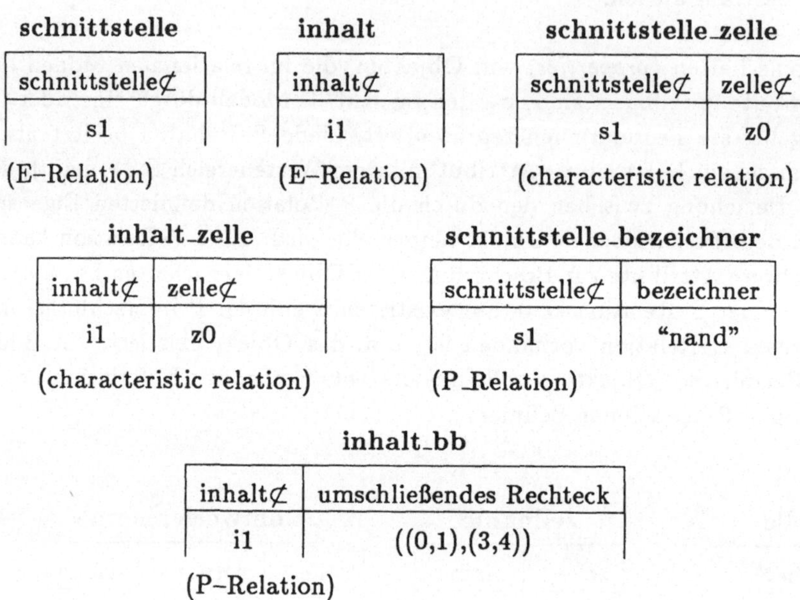

Bild 4.9: Repräsentation von Eigenschaften durch *characteristic entities*

Zur Darstellung der baumartigen Struktur von *kernel entity types* und der zugehörigen *characteristic entity types* wird eine weitere Schema–Relation, die *characteristic graph relation* (*CG-Relation*) verwendet.

Ein *characteristic entity*, d.h. ein Tupel in einer *characteristic entity relation*, kann nur dann in der Datenbank existieren, wenn das entsprechende Tupel des unmittelbar übergeordneten Objekts existiert.

Die *associative entities* werden formal in der gleichen Weise wie *kernel entities* dargestellt, durch eine E–Relation und P–Relationen. Durch einen *associative entity type* können Objekttypen der Klassen *kernel entity type* oder *associative entity type* zueinander in Beziehung gesetzt werden. Diese Zuordnungen werden in einer weiteren Schema–Relation, der *associative graph relation* (*AG–Relation*) festgehalten.

Um das Objektmodell von Bild 4.5 im RM/T–Datenmodell darstellen zu können, muß es etwas modifiziert werden, weil der Beziehungstyp *Inhalt/Zelle* nicht direkt in einen *associative entity type* übersetzt werden kann, da in Bild 4.9 *inhalt* als *characteristic entity type* des *kernel entity types zelle* definiert worden ist. Die Referenzierung von Zellen innerhalb von Zellen kann hier aber als *associative entity type* dargestellt werden. Eine weitere Möglichkeit bestünde in der Verwendung eines sogenannten *nonentity association type*. Dieser unterscheidet sich vom *entity association type* darin, daß er keine E–Relation besitzt und damit nicht an anderen Beziehungen teilnehmen kann. Darüberhinaus kann eine *nonentity association* nur existieren, wenn die durch sie assoziierten Objekte existieren. Diese Einschränkung gilt für *entity associations* nicht. In Bild 4.10 ist das modifizierte Objektmodell von Bild 4.5 als RM/T–Schema dargestellt. Der Objekttyp *ausprägung* ist ein *associative entity type*. Die zugehörige P–Relation *ausprägung_zelle_zelle* hat zwei Attribute mit dem Wertebereich *zelle*, d.h. den Stellvertretern des Objekttyps *zelle*: das Attribut *rz⊄* für die referenzierende Zelle und *az⊄* für die referenzierte Zelle. Die Ausprägungen werden durch den *characteristic entity type transformation* näher beschrieben, der hier aber nicht weiter ausgeführt ist.

Ein weiteres Beispiel für ein VLSI–Schema auf dem RM/T–Modell ist in [Brown 1988] zu finden.

Bei den Abstraktionsmechanismen unterscheidet Codd neben der Generalisierung zwei Arten der Aggregation, die kartesische Aggregation, die der in [Smith, Smith 1977a] definierten entspricht, und die sogenannte *cover aggregation* bei der variable Mengen von Objekten möglicherweise verschiedenen Typs zu einem neuen Objekttyp vereinigt werden. Auf die *cover aggregation* soll hier aber nicht weiter eingegangen werden. Die kartesische Aggregation vollzieht sich im RM/T–Datenmodell in drei Stufen:

(1) Die Aggregation von Eigenschaften liefert einen Objekttyp (*characteristic, kernel* oder *associative*). Diese Aggregation wird durch die P– bzw. PG–Relationen beschrieben.

(2) Die Aggregation von *characteristic entities* liefert einen Objekttyp (*charac-*

zelle

zelle⊄
z0
z1

zellname

zelle⊄	name
z0	NAND
z1	EXOR

entwerfer_name

zelle⊄	vorname	nachname
z0	Karl	Kurz
z1	Karoline	Lang

schnittstelle

schnittstelle⊄
s1
s2

inhalt

inhalt⊄
i1
i2

schnittstelle_zelle

schnittstelle⊄	zelle⊄
s1	z0
s2	z1

inhalt_zelle

inhalt⊄	zelle⊄
i1	z0
i2	z1

inhalt_bb

inhalt⊄	umschließendes Rechteck
i1	((0,1),(3,4))
i2	((0,0),(10,12))

schnittstelle_bezeichner

schnittstelle⊄	bezeichner
s1	"nand"
s2	"exor"

ausprägung_zelle_zelle

ausprägung⊄	rz⊄:zelle	az⊄:zelle
int1	z1	z0
int2	z2	z0

(P–Relation)

ausprägung

ausprägung⊄
int1
int2

(E–Relation)

ausprägung_transformation

ausprägung⊄	transformation⊄
int1	t1
int2	t2

(characteristic relation)

Bild 4.10: Vereinfachtes VLSI–Objektmodell als RM/T–Schema

teristic, kernel oder *associative*). Diese Aggregation wird durch die CG–Relation beschrieben.

(3) Die Aggregation beliebiger Kombinationen von *kernel* oder *associative entities* liefert einen Objekttyp (*associative entity type* oder *nonentity associa-*

tions). Diese Aggregation wird durch die AG–Relation beschrieben.

Bei der Generalisierungsabstraktion werden ebenfalls zwei Arten unterschieden, die unbedingte Generalisierung (*unconditional generalization*) und die alternative Generalisierung (*alternative generalization*). Die unbedingte Generalisierung entspricht der in [Smith, Smith 1977b] definierten. Es gibt auch hier die Regel, daß alle Eigenschaften eines übergeordneten Objekts einer Generalisierungshierarchie auf die untergeordneten Objekte vererbt werden. Die Generalisierungshierarchie wird durch eine weitere Schema–Relation, die *unconditional gen inclusion relation* (*UGI–Relation*), beschrieben.

Bei der alternativen Generalisierung können Objekte eines Typs wahlweise verschiedenen übergeordneten Objekttypen zugeordnet werden. Die Generalisierungshierarchie wird durch die *alternative gen inclusion relation* (*AGI–Relation*) beschrieben.

Die UGI– und die AGI–Relation sind ternäre Relationen, die jeweils einen *entity type*, seinen hierarchisch übergeordneten *entity type* sowie die Kategorie, zu der die Generalisierung gehört, spezifizieren.

Im RM/T–Modell gibt es noch einen weiteren Objekttyp, den *event type*, der es gestattet, Objekten (Ereignissen) einen Eintrittszeitpunkt oder eine Anfangs– und Endzeit zuzuordnen. Auf diesen Objekttyp soll hier nicht näher eingegangen werden.

Neben den bereits erwähnten Schema–Relationen gibt es noch eine Reihe von sogenannten Katalog–Relationen, die Informationen über alle Relationen der Datenbank enthalten, deren Namen und Typen, Namen von Attributen, Wertebereichen und Kategorien. Außerdem ist dort die Zuordnung von Attributen zu Relationen, von Attributen zu Wertebereichen und Relationen zu Kategorien verzeichnet.

Die operationale Schnittstelle des RM/T–Datenmodells umfaßt die klassischen Mengenoperationen sowie die Operatoren der Relationenalgebra des relationalen Modells [Codd 1971c], die der Möglichkeit der Speicherung von Nullwerten entsprechend angepaßt sind. Darüberhinaus wurden spezielle Operatoren für die Manipulation der Schema–Relationen eingeführt. Dies wurde notwendig, da die Schema–Relationen Relationsnamen als Wertebereiche haben. So gibt es einen

Operator, der die zu einem Relationsnamen gehörende Relation liefert. Spezielle Operatoren wurden auch für die Graphen–Relationen definiert, so z.B. zur Berechnung der transitiven Hülle, was beispielsweise zur Bestimmung aller von einem *kernel entity type* abhängigen *characteristic entity types* benötigt wird.

Zusammenfassend läßt sich sagen, daß im RM/T–Datenmodell die wichtigsten Modellierungskonzepte, die nach Veröffentlichung des relationalen Modells diskutiert wurden, integriert sind. Diese lassen sich zum großen Teil auch vorteilhaft für die Entwicklung einer Entwurfsdatenbank nutzen. Hervorzuheben ist insbesondere, daß die operationale Schnittstelle des RM/T–Modells eindeutig und umfassend spezifiziert ist. Als Vorteil ist auch anzusehen, daß, solange es keine auf der Basis dieses Datenmodells arbeitenden Datenbanksysteme gibt, es auf einem herkömmlichen relationalen Datenbanksystem implementiert werden kann.

4.1.4   Das NF^2–Datenmodell

Beim NF^2–Modell handelt es sich um ein relationales Datenmodell, bei dem die Beschränkung des Codd'schen Relationenmodells, daß sich Relationen immer in erster Normalform* (vgl. Abschnitt 2.1) befinden müssen, aufgehoben ist. Dies hat sowohl für den Schemaentwurf als auch für die Datenmanipulationssprachen weitreichende Konsequenzen. Das Ziel bei der Entwicklung des NF^2–Modells war, Datenbankverwaltungssystemen Anwendungsbereiche zu erschließen, die ihnen bisher nicht zugänglich waren. Zu diesen Anwendungen gehört u.a. auch die Verwaltung von Entwurfsdaten. Aus den Betrachtungen in den vorangegangenen Abschnitten dürfte bereits deutlich geworden sein, daß die Beschränkung auf die erste Normalform ein Hindernis bei der Modellierung komplexer Objekte durch ein relationales Schema darstellt.

Das ursprüngliche Konzept sah vor, daß eine NF^2–Relation aus einer Menge von Tupeln besteht, deren Attribute entweder einfache (atomare) Werte oder Relationen enthalten (s. [Schek, Scholl 1986]). Da die letzteren ebenfalls wieder NF^2–Relationen sein können, lassen sich beliebig tief geschachtelte Relationen erzeugen. Flache Relationen (Relationen in erster Normalform) sind demnach ein Spezialfall der NF^2–Relationen.

Zur Erläuterung wollen wir auf ein Beispiel aus Abschnitt 3.1 zurückgreifen. Dort

---

* NF^2 steht für Non First Normal Form

hatten wir eine flache Relation für die Speicherung von Polygonen definiert. Eine Ausprägung mit zwei Polygonen zeigt Bild 4.11.

polygon	polygon-id	eckpunkt-nr	x-koord	y-koord
	P_1	1	3	2
	P_1	2	9	2
	P_1	3	9	8
	P_1	4	7	8
	P_1	5	7	4
	P_1	6	3	4
	P_2	1	10	1
	P_2	2	13	1
	P_2	3	13	5
	P_2	4	10	5

Bild 4.11: Flache Relation mit zwei Polygonen

Als Nachteile dieser Art der Modellierung von Polygonen wurden festgehalten, daß ein einzelnes Objekt durch mehrere Tupel dargestellt und für die Gewährleistung der Reihenfolge der Eckpunkte eines Polygons ein gesondertes Attribut eingeführt werden muß. Der erste Nachteil kann durch die Einführung einer NF^2-Relation *polygon* mit dem relationen-wertigen Attribut *eckpunkte*, wie in Bild 4.12 dargestellt, beseitigt werden.

Das Attribut *eckpunkte* ist eine Relation, die aus den drei atomaren Attributen nr, x und y besteht. Die in Bild 4.12 gezeigte Ausprägung der NF^2-Relation *polygon* enthält genau ein Tupel für jedes der beiden Polygone. Aber auch dieses Schema ist noch unbefriedigend; denn die Darstellung einer geordneten Folge von Punkten als Relation, d.h. als Menge, ist im Grunde nicht angemessen, weil eine Relation eben keine Ordnung der Tupel zu definieren gestattet. Diese muß weiterhin durch das Attribut nr hergestellt werden. Nützlich wäre an dieser Stelle, daß ein Attribut statt Relationen auch geordnete Listen enthalten dürfte.

Diese und andere Schwierigkeiten haben dazu geführt, daß bereits frühzeitig Erweiterungen des NF^2-Modells entwickelt wurden. In [Pistor, Andersen 1986] wird vorgeschlagen, daß Attribute von NF^2-Relationen neben atomaren Werten

polygon	polygon-id	eckpunkte		
		nr	x	y
	P_1	1	3	2
		2	9	2
		3	9	8
		4	7	8
		5	7	4
		6	3	4
	P_2	1	10	1
		2	13	1
		3	13	5
		4	10	5

Bild 4.12: NF^2–Relation mit zwei Polygonen

und Relationen auch Tupel, Listen und Mengen sein dürfen. Da diese Strukturen
in orthogonaler Weise miteinander kombiniert werden dürfen, können Attributtypen sehr komplexe Datenstrukturen sein.

Mit diesen Erweiterungen könnte unsere NF^2–Relation *polygon* wie in Bild 4.13
gezeigt definiert werden. Das Attribut *eckpunkte* hat jetzt den Typ *Liste von 2–
Tupeln*. Das heißt jeder Attributwert besteht aus einer beliebig langen geordneten Liste von 2–Tupeln, die jeweils die x– und die y–Koordinate eines Eckpunktes
enthalten.

Dieses Konzept kommt der in Abschnitt 3.1 aufgestellten Forderung, daß Attribute von einem beliebigen, vom Benutzer definierten abstrakten Datentyp sein
dürfen, recht nahe. Ein in diesem Sinne noch weiter gehendes Konzept wird in
[Kemper 1987] vorgestellt.

polygon	polygon-id	eckpunkte
	P_1	([3,2],[9,2],[9,8],[7,8],[7,4],[3,4])
	P_2	([10,1],[13,1],[13,5],[10,5])

Bild 4.13: NF^2–Relation mit Listenattribut

Ein wesentlicher Vorteil des NF^2–Modells gegenüber dem Codd'schen Relationenmodell besteht darin, daß hierarchische und 1:n–Beziehungen direkt modelliert werden können. Dadurch wird vermieden, daß zusammengehörige Informationen über verschiedene Tabellen verstreut werden, wie dies z.B. in der in Bild 4.6 gezeigten relationalen Darstellung unseres vereinfachten VLSI–Objektmodells (Bild 4.5) geschieht. Die Relationen *Schnittstelle* und *Inhalt* könnten in einem NF^2–Schema zu Attributen der Relation *Zelle* werden. Hier zeigen sich aber auch die Grenzen des Modells hinsichtlich der Übersichtlichkeit des Schemas, wenn tief gestaffelte hierarchische Beziehungen auftreten. Da im Gegensatz zu unserem stark vereinfachten Modell die Objekttypen *Schnittstelle* und *Inhalt* in Wahrheit selbst komplex hierarchisch strukturiert sind und daher ebenfalls Relationen mit nichtatomaren Attributen sein müßten, würde eine Darstellung des Schemas in Form von Tabellen, die für Anwender sehr leicht lesbar ist, sehr schnell unmöglich bzw. unübersichtlich werden. Dies würde in der Praxis wohl dazu führen müssen, daß Hierarchien dann doch nicht einheitlich durch geschachtelte Relationen dargestellt würden. Das bedeutet, daß der erwähnte Vorteil des NF^2–Modells sich letztlich auch nachteilig auswirken kann.

Es sollte noch erwähnt werden, daß auch für das NF^2–Modell – ebenso wie für das RM/T–Modell – eine wohldefinierte operationale Schnittstelle existiert. In [Schek, Scholl 1986] wird eine entsprechend erweiterte Relationenalgebra definiert, während in [Pistor, Andersen 1986] eine Erweiterung von SQL vorgestellt wird.

4.2 VLSI/CAD–orientierte Datenmodelle

In der Literatur sind in den letzten Jahren eine große Anzahl von Vorschlägen zur Lösung des Problems der Verwaltung von Entwurfsdaten in VLSI/CAD–Systemen erschienen. Im Gegensatz zu den im Abschnitt 4.1 beschriebenen Konzepten steht hier also ein spezieller Anwendungsschwerpunkt im Vordergrund. Diese Vorgehensweise hat den Vorteil, daß man für die besonderen Probleme des VLSI/CAD speziell zugeschnittene Lösungen erarbeiten kann. Nachteilig ist, daß derartig spezialisierte Lösungen sich kaum in kommerziell verfügbaren Datenbanksystemen niederschlagen werden, was sich insbesondere auf die Kosten ungünstig auswirken dürfte. Aus dieser Schwierigkeit sind zwei Auswege denkbar, die sich auch beide in den in der Literatur bekanntgewordenen Konzepten wiederfinden:

1. Es werden spezielle Datenhaltungsysteme für den VLSI–Entwurf vollkommen neu entwickelt, man verzichtet aber dabei, um den Aufwand in vertretbaren Grenzen zu halten, auf eine Reihe von Leistungen, die von herkömmlichen Datenbanksystemen in der Regel angeboten werden.

2. Man setzt auf herkömmlichen, meist relationalen Datenbanksystemen auf. Die CAD–spezifischen Erweiterungen befinden sich in einer äußeren Schale um den Datenbankkern herum, an dem keine oder nur geringfügige Änderungen vorgenommen werden.

Um eine Übersicht über die verschiedenen Lösungsvorschläge zu bekommen, werden die hier besprochenen Konzepte in ein einfaches, zweidimensionales Klassifikationsschema eingeordnet. Die erste Dimension berücksichtigt, zu welchen der in Kapitel 3 aufgeführten Problembereiche die Vorschläge einen Beitrag leisten. In der zweiten Dimension werden die Konzepte danach eingeteilt, ob es sich um speziell für den Anwendungsfall CAD (VLSI) entworfene, um auf einem erweiterten relationalen Modell basierende oder um Systeme handelt, die auf verfügbaren, herkömmlichen relationalen Datenbanksystemen aufbauen. Die Einordnung der einzelnen Konzepte ist in der Matrix in Bild 4.14 zusammengefaßt. Die hier vorgelegte Übersicht ist keineswegs vollständig, sondern soll einen möglichst repräsentativen Überblick über die wichtigsten und am häufigsten zitierten Arbeiten geben. Sie basiert auf einer Literaturrecherche in den Datenbanken COMPENDEX, INSPEC und ZDE. Eine umfassende Darstellung der Literatur zu diesem Gebiet ist wegen der Vielzahl der veröffentlichen Arbeiten und wegen der zur Zeit noch stark divergierenden Konzepte nicht möglich.

4.2.1 Stand der Technik

In der Matrix in Bild 4.14 sind eine Reihe von Literaturstellen nach dem oben beschriebenen Schema eingetragen, die zu den wichtigsten in den letzten Jahren publizierten VLSI/CAD–Datenbankkonzepten zählen. Einen Anspruch auf Vollständigkeit erhebt die in diesem Abschnitt gegebene Übersicht allerdings nicht. Für jede der drei Systemkategorien aus Bild 4.14 werden in den folgenden Abschnitten jeweils ein oder mehrere Beiträge zu den Anforderungskategorien Objektmodellierung und Versionsverwaltung herausgegriffen und vorgestellt. Auf die Transaktionskonzepte wird nur kurz eingegangen.

Wie aus Bild 4.14 zu entnehmen ist, werden von wenigen Arbeiten alle drei Anforderungskategorien abgedeckt. Bei allen handelt es sich um Konzepte, die das Ergebnis von Forschungsprojekten sind und die nur teilweise als Prototypen implementiert wurden. Im Abschnitt 4.2.2 wird dann noch auf einige industriell realisierte Systeme eingegangen werden.

	herkömmliche relationale Systeme	erweiterte relationale Systeme	Spezialsysteme
T	Barabino u.a. 1984	Lorie, Plouffe 1983 Katz, Weiss 1984 Katz 1984 Meier 1987	Dittrich u.a. 1985 Katz u.a. 1986
V	McLeod u.a. 1983 Barabino u.a. 1984	Meier 1987 Batory, Kim 1985 Katz 1982, 1983	Piloty, Weber 1987 Weiss u.a. 1986 Katz u.a. 1986 Dittrich u.a. 1985 Chen, Parng 1988
O	McLeod u.a. 1984 (Bouillon u.a. 1986) Felix u.a. 1986 (Guttmann, Stonebraker 1982)	Hardwick 1984 Stonebraker u.a. 1983 Batory, Kim 1985 Katz 1982 Haskin, Lorie 1982 Meier 1987 Mitschang 1987	Dittrich u.a. 1985 Katz u.a. 1986 Weiss u.a. 1986 Piloty, Weber 1987 Jullien, Leblond Chen, Parng 1988

T $\equiv$ Transaktionskonzept
V $\equiv$ Versionsverwaltung
O $\equiv$ Objektmodellierung/(VLSI–Schema)

Bild 4.14: Klassifikation von Konzepten für CAD–Datenbanken

4.2.1.1 Beiträge zur Objektmodellierung

In dieser Anforderungskategorie sind in Bild 4.14 auch Arbeiten angeführt, die zwar keine konkreten Konzepte für die Modellierung komplexer Entwurfsobjekte enthalten, in denen aber auf der Grundlage von Schema–Entwicklungen für VLSI–Entwurfsdaten Effizienzuntersuchungen durchgeführt und Vorschläge für künftige Erweiterungen relationaler Datenbanksysteme unterbreitet wurden.

Beispiele dafür sind die in [Guttmann, Stonebraker 1982] und [Bouillon u.a. 1986] beschriebenen Arbeiten.

Herkömmliche relationale Systeme

Als Beispiel für ein auf dem konventionellen relationalen Modell implementiertes Objektmodell soll hier das in [McLeod u.a. 1983, 1984] beschriebene Konzept vorgestellt werden. Als Basisobjekte beim Entwurf integrierter Schaltungen werden die Zellen angesehen. Dabei werden Zellen vornehmlich auf den Entwurfsebenen *Logik* und *Layout* betrachtet. Sie sind aus Unterzellen aufgebaut, die auf der Logikebene durch Netzlisten miteinander verbunden werden, während auf der Layoutebene neben den Unterzellen geometrische Primitive Bestandteile von Zellen sein können. Durch diesen Zellbegriff wird die Sicht des Entwerfers bzw. des Werkzeugentwicklers auf die Entwurfsobjekte bestimmt. Um nun diese Objektsicht in ein lauffähiges Datenhaltungssystem umzusetzen, wird die folgende Vorgehensweise angewendet:

1. Informelle Beschreibung der Anforderungen an ein Datenhaltungssystem aus der Sicht des VLSI–Entwurfs

2. Spezifikation der Anforderungen in einem formalen Modell

3. Übersetzung der formalen Spezifikation in ein Schema eines objektorientierten semantischen Datenmodells

4. Implementierung eines Prototyps, aufbauend auf einem existierenden Datenbanksystem.

Der vierte Schritt ist notwendig, solange keine lauffähigen auf höheren semantischen Datenmodellen basierenden Systeme verfügbar sind.

Als wichtigste Anforderungen an ein Datenhaltungssystem werden die Unterstützung von hierarchisch strukturierten Objekten (Zellen), die Kontrolle der Redundanz durch mehrfach benutzte Zellen und Verwaltung von Entwurfsversionen bzw. –alternativen genannt, wobei die Begriffe *Version* und *Alternative* als Synonyme verstanden werden. Das Sichtkonzept (vgl. Abschnitt 3.1) wird hier ebenfalls unter dem Versionskonzept subsumiert.

Die formale Anforderungsspezifikation wird durch einen gerichteten azyklischen
Graphen mit 3 Knotentypen vorgenommen: den *AND*–Knoten als Repräsentan-
ten von möglicherweise zusammengesetzten Objekten — auch Konfigurationen
genannt —, den *OR*–Knoten zur Repräsentation von Objektversionen und den
Blattknoten für die primitiven Objekte.   In Bild 4.15 sind *AND*–Knoten als
Rechtecke und *OR*–Knoten als Kreise dargestellt.

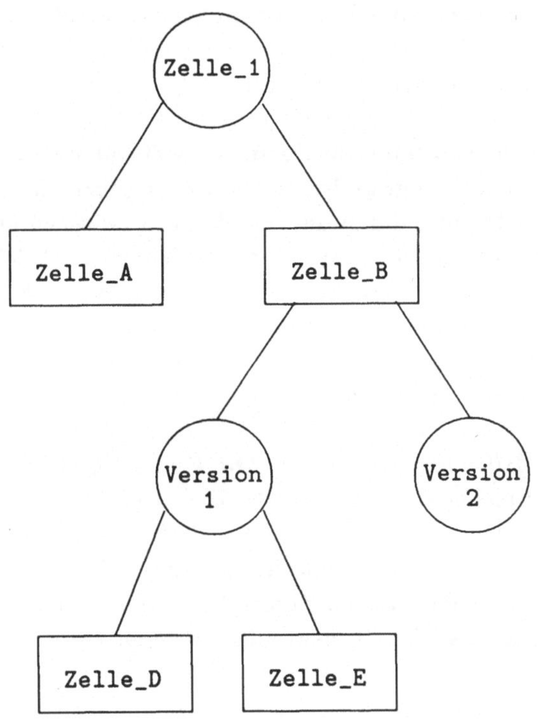

Bild 4.15: AND–OR–Graph einer einfachen Zellhierarchie

Der Graph in Bild 4.15 drückt aus, daß die Zelle *Zelle_1* die Zellen *Zelle_A* und
Zelle_B als Komponenten besitzt und es von Zelle_B zwei Versionen gibt, wobei
Version 1 wiederum die Zellen *Zelle_D* und *Zelle_E* als Komponenten besitzt.
Durch die Blattknoten werden primitive Objekte bezeichnet, die weder Versionen
noch Komponenten besitzen.

Für die Spezifikation des objektorientierten Datenbankschemas wird das in [King, McLeod 1982 a, b] beschriebene *event model* herangezogen. Dabei handelt es sich um ein Datenmodell, das einige der in Abschnitt 4.1 beschriebenen Konzepte semantischer Datenmodelle in sich vereinigt. Hier seien nur die für das Verständnis des in Bild 4.16 angegebenen VLSI/CAD–Schemas wesentlichen Elemente beschrieben. Das *event model* kennt zwei Arten von Objekten: beschreibende (descriptor objects) und abstrakte (abstract objects). Beschreibende Objekte sind Zeichenketten, die als symbolische Bezeichner verwendet werden. Abstrakte Objekte sind aus anderen Objekten zusammengesetzt und werden durch die Beziehungen zu ihren Komponenten definiert.

Bild 4.16 zeigt einen Ausschnitt aus dem in [McLeod u.a. 1983] angegebenen VLSI/CAD–Schema in einer graphischen Darstellungsform des *event models*. Die Pfeile bezeichnen Attribute, durch die Beziehungen zwischen Objekten definiert werden. *Zellen* ist der zentrale Objekttyp des Schemas. Objekten dieses Typs sind durch das Attribut *Version* ein oder mehrere Objekte vom Typ *Versionen* zugeordnet. Als Beispiele für Bestandteile von Objekten des Typs *Versionen* sind hier die Objekttypen *Ausprägungen* (Attribut *Komponenten*) und *Leiterbahnen* (Attribut *Leiterbahnen*) dargestellt.

Objekte vom Typ *Zellen* entsprechen den *OR*–Knoten, Objekte vom Typ *Versionen* den *AND*–Knoten des Graphenmodells. Hier wird deutlich, daß die Semantik des *AND-OR*–Graphenmodells im *event model* nicht mehr durch das Datenmodell selbst sondern durch das Schema ausgedrückt wird. Während die *AND-OR*–Graphen die VLSI–spezifischen Konzepte *Konfiguration* und *Version* direkt darzustellen gestatten, ist dies in dem allgemeineren *event model* nur über die Definition eines geeigneten Schemas möglich. Da keine implementierte Version des *event models* existiert, ist es, um zu einem lauffähigen System zu gelangen, notwendig, die Abbildung des *event model*–Schemas auf ein relationales Schema vorzunehmen. Als Datenbanksystem wurde INGRES [Held u.a. 1975] gewählt.

Die Abbildung wird nach folgendem Muster vorgenommen: Objekttypen des *event models* werden Relationen, Attribute von Objekttypen werden Attribute der entsprechenden Relationen. Für das in Bild 4.16 dargestellte *event model*–Schema ergibt sich das relationale Schema von Bild 4.17.

Eine derartige schematische Umsetzung in ein relationales Schema ist zwar möglich, weist aber einige Nachteile auf. So muß z.B. für jedes Objekt vom Typ

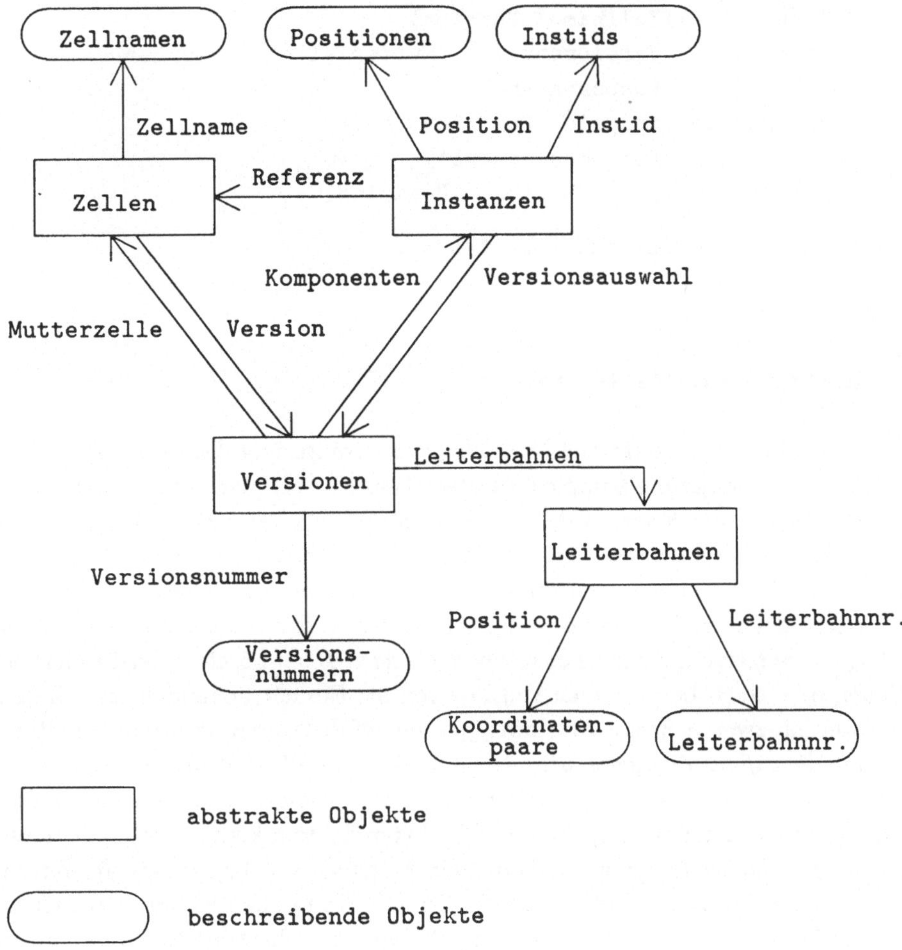

Bild 4.16: Objekttypen eines VLSI/CAD–Schemas

Versionen in der entsprechenden Relation ein Tupel für jede in diesem Objekt benutzte Zellausprägung (Attribut *Komponenten*) gespeichert werden. Derartige Nachteile lassen sich zwar durch eine Modifikation des relationalen Schemas teilweise beseitigen bzw. mildern, das ändert aber nichts daran, daß sich das Objektmodell im relationalen Schema durch Verwendung von Attributen mit gleichen Wertebereichen in verschiedenen Relationen nur unzureichend widerspiegelt. Durch Einführung entsprechend mächtiger Operationen kann dieser strukturelle Nachteil allerdings vor dem Entwerfer bzw. Werkzeugentwickler

```
Zellen        (Zellname, Version)
Versionen     (Versionsnummer, Mutterzelle, Leiterbahnen,
                 Komponenten)
Ausprägungen  (ausprid, Position, Referenz,
                 Versionsauswahl)
Leiterbahnen  (Leiterbahnnr., Position)
```

Bild 4.17: Relationales VLSI/CAD–Schema

weitgehend verborgen werden.

Erweiterte relationale Systeme

Als Beispiel für einen konkreten Vorschlag zur Erweiterung des relationalen Modells für die Modellierung komplexer Entwurfsobjekte sei hier das in [Haskin, Lorie 1982] vorgestellte Konzept des *complex objects* erläutert. Der Grundgedanke des Konzepts besteht darin, das zur Darstellung eines komplex strukturierten Entwurfsobjekts in einem relationalen System notwendige Geflecht von Tupeln aus verschiedenen Relationen dem System bekannt zu machen und es damit in die Lage zu versetzen, ein solches *complex object* z.B. bei Lösch– oder Kopieroperationen oder auch beim Setzen von Sperren als Einheit behandeln zu können. Dazu werden zwei spezielle Attributtypen eingeführt: Jede Relation erhält ein Attribut *identifier*. Für jedes primitive Objekt (Tupel) wird bei der Erzeugung ein mindestens systemweit eindeutiger Schlüssel (identifier) generiert und in dem entsprechenden Attribut gespeichert. Diese vom System kontrollierten Schlüssel werden auch *Surrogates* genannt. Durch ein Attribut vom Typ *comp-of(relation-name)* kann spezifiziert werden, daß ein Tupel *t* Komponente eines hierarchisch übergeordneten Tupels *t'* in der durch *relation-name* bestimmten Relation ist. Als Attributwert wird der *identifier* von *t'* eingetragen.

Als Beispiel wollen wir die in EDIF verwendete Struktur zur Beschreibung von Zellen heranziehen. Eine *cell* kann ein oder mehrere *views* haben, jedes *view* besteht aus je einem Objekt vom Typ *interface* und *contents* (siehe Bild 4.18)

Diese Hierarchie wird nun durch die in Bild 4.19 gezeigte Relationenstruktur dem System bekannt gemacht.

In eckigen Klammern ist jeweils der Typ des Attributs angegeben. Die Typen *identifier* und *comp-of* ( ) besitzen als Wertebereich die bereits erwähnten system-

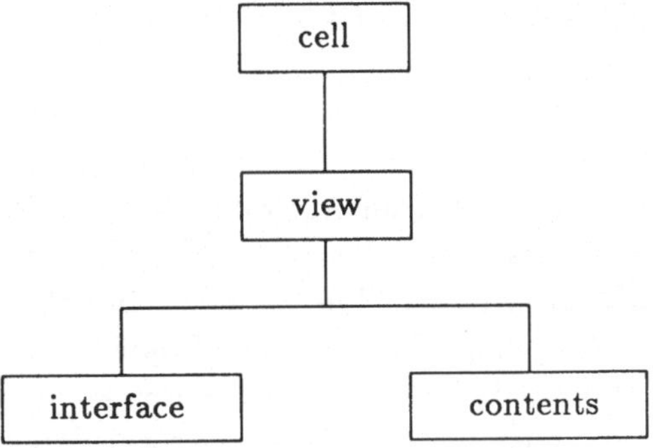

Bild 4.18: Struktur von Zellen in EDIF

```
cell      (cell-id[identifier], cell-name[string]...)
view      (view-id[identifier], cell-view[comp-of(cell)],
          view-name[string]...)
interface (interface-id[identifier],
          interface-view[comp-of(view)],...)
contents  (contents-id[identifier],
          contents-view[comp-of(view)],...)
```

Bild 4.19: Relationensystem für *EDIF–cells*

generierten Schlüssel. Für ein *view*–Tupel ist im Attribut *cell-view* der Schlüssel des *cell*–Tupels eingetragen, zu dem das *view*–Tupel gehört. Ein komplexes Objekt *cell* besteht also aus einer Hierarchie von Tupeln der o.g. Relationen. Diese Hierarchie ist dem System bekannt, so daß z.B. beim Löschen einer *cell* alle zu dem komplexen Objekt gehörenden Tupel automatisch gelöscht werden können.

Durch komplexe Objekte werden also Beziehungen, der Art "Objekt *a* ist Bestandteil von Objekt *b*" modelliert. Dieser Beziehungstyp ist bei VLSI–Entwurfsobjekten, die sehr häufig hierarchisch strukturiert sind, von großer Bedeutung. Es ist auch der Typ, welcher der Struktur von EDIF hauptsächlich zugrundeliegt.

Aus dem gewählten Beispiel wird deutlich, daß das Konzept der komplexen Objekte dem Abstraktionsmechanismus Aggregation ähnlich ist. Dort können allerdings beliebige Beziehungen zwischen Objekten benannt und zu neuen Objekten höherer Ordnung abstrahiert werden.

Komplexe Objekte haben immer eine Baumstruktur. Das heißt insbesondere, daß eine Relation nicht sich selbst untergeordnet sein kann. Die sehr wichtige Beziehung, daß eine Zelle aus Unterzellen aufgebaut ist, läßt sich daher mit dem Typ *comp-of(...)* nicht ausdrücken. Für derartige Beziehungen wird noch ein weiterer Typ *reference (...)* eingeführt, mit dem Tupel beliebige andere Tupel in der gleichen oder in anderen Relationen referenzieren können. Das System muß dabei überprüfen, ob die referenzierten Tupel auch existieren.

In [Haskin, Lorie 1982] wird neben dem Konzept des *complex objects* die Einführung von *long fields* zur Speicherung beliebig großer, für das Datenbanksystem unstrukturierter Datenmengen behandelt. Beide Konzepte werden als Erweiterungen der Standardoperationen des Systems R [Astrahan u.a. 1976] diskutiert. In [Hallmark, Lorie 1984] wird deren Anwendung auf das Schema für einen VLSI–Layout–Editor beschrieben, während in [Hollaar u.a. 1984] ein Schema für ein zellorientiertes Entwurfssystem für integrierte Schaltungen detailliert beschrieben wird. Auf die Behandlung komplexer Objekte als Einheiten von Transaktionen in [Lorie, Plouffe 1983] werden wir noch zurückkommen.

Die Verwendung systemgenerierter Schlüssel für die Modellierung komplexer Objektstrukturen bildet auch die Basis des in [Meier 1987] vorgestellten Konzepts für die Erweiterung relationaler Datenbanksysteme für technische Anwendungen. Neben dem Surrogat–Konzept werden dort Erweiterungen des relationalen Modells für die Speicherung und Manipulation von Tensoren, für die Unterstützung des effizienten Zugriffs auf raumbezogene Objekte sowie für die Verwaltung von Versionen und Transaktionen vorgeschlagen.

Für die Modellierung strukturierter Objekte werden zwei Typen von Relationen eingeführt, die sogenannten K– und H–Relationen. Eine K–Relation ist eine normale Codd'sche Relation erweitert um ein Surrogat–Attribut. Die Wertebereiche der übrigen Attribute sind entweder atomar oder strukturiert in Form von Vektoren und Matrizen. Insofern weichen K–Relationen von der ersten Normalform ab. Diese Erweiterung ermöglicht es, daß zum Beispiel Transformationsmatrizen gespeichert und durch eine Ergänzung der Relationenalgebra um die Tensoralgebra auch manipuliert werden können.

Die H–Relation (hierarchische Relation) ist das eigentliche Konzept für die Modellierung komplexer Objekte. Eine H–Relation besteht aus einer K–Relation (Wurzelrelation) und einer Menge von dieser K–Relation hierarchisch abhängiger Relationen. Eine hierarchisch abhängige Relation erhält neben dem eigenen Surrogat–Attribut noch das Surrogat der hierarchisch unmittelbar übergeordneten Relation als Fremdschlüssel. Ob es sich bei der durch eine H–Relation gebildeten Hierarchie um eine Aggregation oder eine Generalisierung (vgl. Abschnitt 4.1.2) handelt, wird bei der Deklaration der Fremdsurrogate angegeben. Die in Bild 4.18 dargestellte Struktur von EDIF–Zellen bildet eine Aggregationshierarchie, die durch die in Bild 4.20 gezeigte H–Relation modelliert wird.

```
cell      (cell-id[surrogate], cell-name[string]...)
view      (view-id[surrogate], cell-view[part-of(cell)],
           view-name[string]...)
interface (interface-id[surrogate],
           interface-view[part-of(view)],...)
contents  (contents-id[surrogate],
           contents-view[part-of(view)],...)
```

Bild 4.20: H–Relation *cell*

Die Relation *view* besitzt das Surrogat *view-id* und das Fremdsurrogat *cell-view*. Diese Attribut ist vom Typ *part-of(cell)*, womit ausgedrückt wird, daß die Relation *view* von der Relation *cell* hierarchisch abhängig ist und daß es sich um eine Aggregationshierarchie handelt. Für die Beschreibung von Generalisierungshierarchien sind Fremdsurrogate vom Typ *is-a(...)* zu verwenden.

Für die Modellierung nichthierarchischer Objektbeziehungen sind ebenso wie beim oben beschriebenen Modell von Haskin und Lorie Attribute vom Typ *reference* zugelassen, deren Wertebereich wiederum Surrogate anderer Relationen sind.

Auf der Seite der Operationen werden H–Relationen durch den sogenannten impliziten hierarchischen Verbund unterstützt. Dieser soll anhand eines Beispiels erläutert werden: Wollte man aus der in Bild 4.20 dargestellten H–Relation *cell* die Namen der Zellen und der zugehörigen View–Namen entnehmen, könnte dies mit der folgenden SQL–Anweisung geschehen:

```
SELECT cell-name, view-name
FROM   cell, view
WHERE  cell-id = cell-view
```

Das Verbundprädikat in der WHERE–Klausel stellt sicher, daß nur die jeweils zu einem komplexen Objekt gehörenden Paare von Zell- und View–Namen ausgegeben werden. Solche Verbundprädikate zwischen Surrogat und Fremdsurrogat müssen immer ausgewertet werden, wenn Informationen über strukturierte Objekte ermittelt werden sollen. Deshalb wird ein spezieller Verbundoperator eingeführt, nämlich der implizite Verbund zwischen dem Surrogat einer Relation und dem Fremdsurrogat einer von dieser Relation hierarchisch abhängigen Relation. Die obige SQL–Anweisung würde damit folgendermaßen geschrieben:

```
SELECT cell-name, view-name
FROM   cell$view
```

Der implizite Verbund wird durch das Dollarzeichen zwischen den Relationsnamen in der FROM–Klausel ausgedrückt. Er kann auch über mehrere Relationen einer Hierarchie hinweg ausgedehnt werden. Die dabei notwendige Und–Verknüpfung mehrerer Verbundprädikate wird dann ebenfalls automatisch durchgeführt.

Abschließend sollen noch die sogenannten M–Relationen erwähnt werden, die für die Speicherung räumlich ausgedehnter Objekte vorgesehen sind. Die Besonderheit der M–Relation besteht darin, daß der Anwender die Möglichkeit hat, mehrere Schlüsselattribute anzugeben, die vom System als gleichberechtigt behandelt werden müssen. Dies hat dann zur Folge, daß das Datenbanksystem für einen solchen mehrdimensionalen Schlüssel Hilfsdatenstrukturen für die effiziente Beantwortung von sogenannten Punkt- und Bereichsanfragen anlegt. Damit sind z.B. Anfragen gemeint, die alle Punkte innerhalb eines rechteckigen Fenster zu bestimmen gestatten. Solche geometrischen Suchoperationen sind selbstverständlich auch in VLSI–Entwurfssystemen von großer Bedeutung. Andererseits ist es von einem puristischen Standpunkt aus gesehen unbefriedigend, daß sich Aspekte der Zugriffsoptimierung im Schema bzw. im Datenmodell niederschlagen. Auch für andere Attribute nicht geometrischer Natur sind sicherlich Zugriffspfade erforderlich, ohne daß dafür spezielle Relationstypen eingeführt werden. Im relationalen Modell sind aus Gründen der Datenunabhängigkeit mit Bedacht keinerlei Möglichkeiten für diese Zwecke vorgesehen.

Spezialsysteme

In [Weiss u.a. 1986] wird das *Design Objects Storage System (DOSS)* vorgestellt. Das Ziel beim Entwurf dieses Systems bestand in der Schaffung eines effizienten, speziell auf die Erfordernisse der Verwaltung von CAD–Daten zugeschnittenen Systems. Nach Meinung der Autoren ist dieses Ziel mit der Verwendung herkömmlicher Datenbanksysteme nicht erreichbar.

Die Entwurfsumgebung, für die *DOSS* konzipiert wurde, besteht aus einem heterogenen Netzwerk von Arbeitsstationen und Dienststationen, die die Objekte der verteilten Entwurfsdatenbank speichern. Die Details des in *DOSS* verwendeten Objektmodells werden in [Weiss u.a. 1986] nicht angegeben, so daß wir uns hier auf die Wiedergabe der Grundgedanken des Konzepts beschränken müssen.

Das Konzept, zusammengesetzte Entwurfsobjekte (hier *composite objects* genannt) als Einheit betrachten zu können, lehnt sich an das oben erläuterte Konzept des *complex objects* an. Darüber hinaus ist die Trennung der Objektbeschreibung in eine äußere, die Schnittstelle zur Umgehung festlegende und eine innere, die eigentliche Objektstruktur angebende, ein wesentliches Merkmal des Objektmodells. Als Termini werden für die äußere Beschreibung *abstraction* und für die innere *content* verwendet. Dieses Modell entspricht auch der in EDIF vorhandenen Zerlegung der Beschreibung von *cells* in *interface* und *contents*.

Jedes Objekt erhält zum Zeitpunkt der Erzeugung einen systemgenerierten, netzwerkweit eindeutigen Namen. Dieser Name besteht aus zwei Teilen, der Seriennummer der Maschine, auf der das Objekt erzeugt wurde, und einem Zeitstempel. Durch diese Kombination wird die Eindeutigkeit der Objektnamen in "Raum und Zeit" gewährleistet. Damit können Objekte als Bestandteile hierarchisch übergeordneter Objekte unabhängig davon referenziert werden, auf welcher Dienststation innerhalb des Netzwerks sich das Objekt befindet.

Objekte, die modifiziert werden sollen, werden von *DOSS* aus der Datenbank in einen Puffer geschrieben, der in einem Adreßraum liegt, den sich *DOSS* und das das Objekt modifizierende Programm teilen. Bei diesem Transfer wird die Objektbeschreibung aus dem Internformat in eine externe Darstellung übersetzt. Dadurch erhalten die Werkzeuge direkten Zugriff auf alle Teile eines Objekts. Nach Beendigung der Modifikation wird das Objekt in die Datenbank zurücktransferiert. Diese Arbeitsweise unterscheidet sich von der in herkömmlichen

Datenbanksystemen üblichen, wo Programme nur über die Datenmanipulationssprache auf den Datenbankpuffer zugreifen können.

Als ein weiterer Ansatz für ein VLSI–Objektmodell sei hier der abstrakte Datentyp IREEN [Piloty, Weber 1987] erwähnt. Dieses Konzept wird in Bild 4.14 in die Kategorie der Spezialsysteme eingeordnet, weil es sich aufgrund der verwendeten Datenstruktur eher für eine diesen Strukturen gemäße Implementierung eignet als für die Realisierung mit Hilfe eines relationalen Datenbanksystems, obwohl bei der Entwicklung von IREEN dessen Implementierung, entsprechend seiner Konzeption als abstrakter Datentyp, nicht im Vordergrund stand.

Ziel von IREEN ist es, ein einheitliches Datenmodell für alle Entwurfsebenen zur Verfügung zu stellen. Das heißt z.B., daß die Zerlegung eines Objekts in Teilobjekte in einer prozeduralen Verhaltensbeschreibung wie in der Layout-Beschreibung in gleicher Weise darstellbar ist. Die wichtigste Datenstruktur in IREEN ist der Baum. In Bäumen werden sowohl sogenannte Segmente zur Beschreibung von Sichten eines Objekts, als auch die Beschreibungselemente der Segmente selbst angeordnet. Der Zugriff auf Objekte oder Teilobjekte wird durch Traversieroperationen ermöglicht. Einige Aspekte einer Pilotimplementierung von IREEN werden in [Weber 1986] behandelt.

4.2.1.2 Beiträge zur Versionsverwaltung

Wie in Kapitel 3 bereits dargelegt, besteht für die Datenhaltung in Entwurfssystemen die Notwendigkeit, mehrere Versionen eines Entwurfsobjekts verwalten zu können. Ungeachtet der Tatsache, daß es noch keine allgemein akzeptierten Definitionen der Begriffe "Version", "Alternative" und "Sicht" gibt, sollen im folgenden einige Arbeiten vorgestellt werden, die diesen Problemkreis behandeln.

Herkömmliche relationale Systeme

Im relationalen Datenmodell kann ein Versionskonzept nur durch die Definition des Schemas realisiert werden. In [Barabino u.a. 1984] wird ein Schema für die Datenverwaltung eines VLSI/CAD–Systems beschrieben. Kern dieses Systems ist das relationale Datenbanksystem INGRES. Als Gründe für die Entscheidung, ein verfügbares konventionelles Datenbanksystem zu verwenden und es nicht zu modifizieren, werden ein hohes Maß an Portabilität und die Möglichkeit, auch zukünftige Entwicklungen der Datenbanktechnik nutzen zu können, genannt. Die

Kommunikation zwischen den Werkzeugen und dem Datenbanksystem wird von einem speziellen Schnittstellenpaket (*data base interface*) bewerkstelligt. Dort werden die CAD–spezifischen Leistungen des Systems erbracht. Der Zugang der Werkzeuge zur Datenbank über die reguläre Datenmanipulationssprache von INGRES ist ebenfalls möglich.

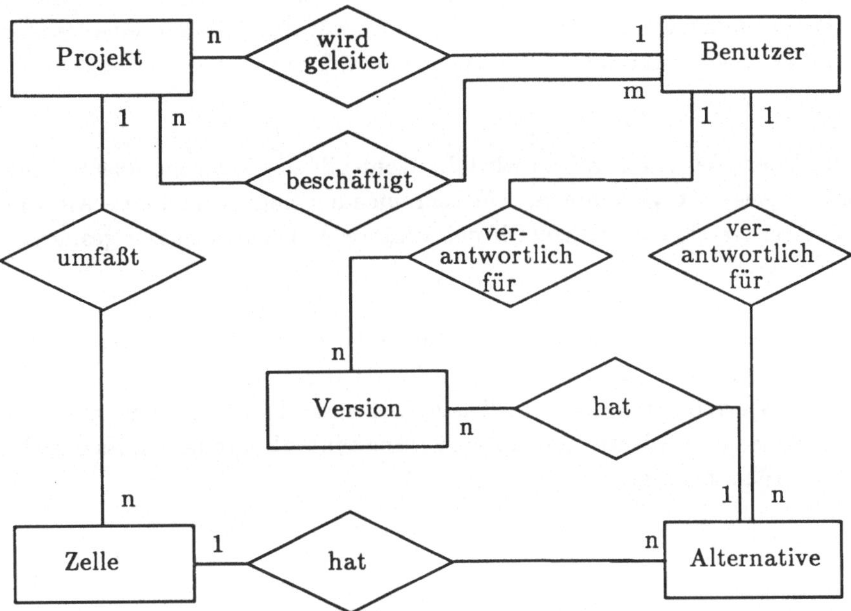

Bild **4.21:** Das Datenverwaltungsschema nach [Barabino u.a. 1984].

In Bild 4.21 ist das ER–Diagramm des Schemas für die Datenverwaltung, wie es in [Barabino u.a. 1984] angegeben ist, dargestellt. Ein Objekt vom Typ *Zelle* wird hier als die Generalisierung seiner *Alternativen* betrachtet, deren gemeinsames Merkmal die Funktion ist, die durch die Zelle implementiert wird. Alternativen einer Zelle können sich z.B. in geometrischen Eigenschaften oder bestimmten Leistungsmerkmalen unterscheiden, soweit sie nicht für die Funktion der Zelle bestimmend sind. Obwohl das aus den Ausführungen in [Barabino u.a. 1984] nicht deutlich wird, ist wohl davon auszugehen, daß verschiedene Sichten oder Repräsentationen einer Zelle ebenfalls auf der Ebene der Alternativen anzusiedeln sind.

Jede Alternative kann mehrere Versionen besitzen, die Entwurfsmodifikationen und –verbesserungen repräsentieren. Eine Version enthält die Beschreibung eines spezifischen Entwurfsobjekts. Das Schema für die Objektbeschreibung auf dieser Ebene wird in der Arbeit nicht angegeben. Bezüglich der Verfügbarkeit von Objektversionen für andere als den verantwortlichen *Benutzer* innerhalb eines *Projekts* werden zwei Bearbeitungszustände für Versionen unterschieden. Eine Version im Zustand *effective* kann von jedem Benutzer des Projekts innerhalb von anderen Versionen anderer Objekte verwendet werden, während eine Version im Zustand *in progress* nur in Objektversionen desselben verantwortlichen Benutzers vorkommen darf.

Auf der Ebene der Alternativen wird die Kontrolle des Mehrbenutzerzugriffs auf Entwurfsobjekte vorgenommen. Für schreibenden Zugriff muß eine Alternative mit all ihren Versionen exklusiv für den verantwortlichen Benutzer gesperrt werden.

Bild 4.22 zeigt einen Ausschnitt aus dem relationalen Schema, das dem ER–Diagramm von Bild 4.21 entspricht. Alle Attribute mit dem Postfix *Nummer* haben als Wertebereich die natürlichen Zahlen und dienen dazu, die Objekte eindeutig zu identifizieren und unter Verwendung als Fremdschlüsselattribute, die 1:n–Beziehungen darzustellen.

```
Benutzer          (Benutzername, Paßwort)
Projekt           (Projekt-Nummer, Projektname,
                   Projektleiter)
Projekt-Benutzer  (Projekt-Nummer, Benutzername)
Zelle             (Zellen-Nummer, Projekt-Nummer, Zellname)
Alternative       (Alternativen-Nummer, Zellen-Nummer,
                   Alternativenname, Benutzername)
Version           (Versions-Nummer, Alternativen-Nummer,
                   Versionsname, Benutzername)
```

Bild 4.22: Relationales Schema der Datenverwaltung

Die Nummern werden vom *data base interface* vergeben und sind für den Anwender unsichtbar.

Erweiterte relationale Systeme

Ein ähnliches Versionskonzept wie das in [Barabino u.a. 1984] beschriebene wird in [Katz 1983] vorgestellt. Das Konzept baut auf der in [Katz 1982] angegebenen Systemarchitektur auf. Diese Architektur sieht als Basis eine sogenannte Datenbankkomponente vor, die ähnlich wie das *Relational Storage System* (RSS) des Systems R [Astrahan u.a. 1976] die unteren Schichten eines Datenbanksystems realisiert, ohne bereits eine dem relationalen Modell entsprechende Schnittstelle zur Verfügung zu stellen. Oberhalb der Datenbankkomponente ist der *Design Manager* angesiedelt, der die VLSI/CAD–spezifischen Aspekte des Datenmodells realisiert und Konzepte wie Objekthierarchie und Objektversionen auf die Datenstrukturen (Tabellen) der Datenbankkomponente abbildet. Da durch den *Design Manager* eine gegenüber dem relationalen Modell semantisch höhere Sicht auf die Entwurfsdaten implementiert wird, ist das Versionskonzept in die Kategorie der erweiterten relationalen Systeme (Bild 4.14) eingeordnet worden. Die Datenbankkomponente ist in dieser Systemhierarchie allerdings auch durch ein nichtrelationales System ersetzbar. Dieser Weg wurde wohl auch bei der Weiterentwicklung der Konzepte, wie in [Katz u.a. 1986] beschrieben, beschritten. Darauf werden wir noch zurückkommen.

Die Abbildung des Versionskonzepts auf die Tabellenstruktur der Datenbankkomponente durch den *Design Manager* wird in den zitierten Arbeiten nicht beschrieben, so daß hier nur das Konzept selbst erläutert werden kann.

Basis des Konzepts ist ein vierstufiges Modell. Auf der obersten Stufe sind die sogenannten *generic objects* angesiedelt, die größere Teile eines Entwurfs repräsentieren. Ein generisches Objekt ist die Zusammenfassung von Alternativen. Alle Alternativen eines generischen Objekts besitzen das gleiche funktionale Verhalten, sie können sich aber in Leistungsmerkmalen unterscheiden. Jede Alternative kann wiederum aus verschiedenen Objektversionen bestehen. Jede Veränderung eines Objekts im Verlauf des Entwurfsprozesses führt zu einer neuen Objektversion. Objekte, die als Komponenten in anderen Objekten verwendet werden, können unabhängig von diesen modifiziert werden, da die übergeordneten Objekte weiterhin die alten Versionen referenzieren. Die eigentliche Entwurfsinformation steht in den Objekten der untersten Stufe, den *representation objects.* Der Begriff der Repräsentation entspricht hier dem im vorigen Kapitel eingeführten Begriff der Sicht, d.h. eine Repräsentation kann z.B. die Layout– oder die Netzlistenbeschreibung einer Schaltung sein. Eine Version beschreibt demnach ein Entwurfsobjekt als Zusammenfassung seiner Repräsentationen.

In Bild 4.23 ist dieses vierstufige Objektmodell graphisch dargestellt. Der Vorteil dieses Modells ist wohl darin zu sehen, daß hier eine klare Unterscheidung zwischen Alternativen, Versionen und Sichten bzw. Repräsentationen vorgenommen wird und diese sich auch direkt im Objektmodell niederschlägt.

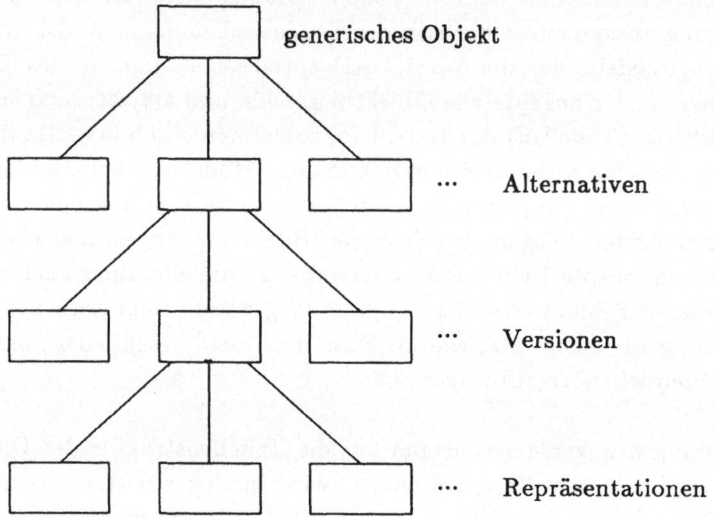

Bild 4.23: Datenstruktur für generische Objekte nach Katz

Dies bedeutet aber gleichzeitig eine Festlegung auf die einmal gewählten Definitionen, da eine Änderung des Konzepts auch eine Änderung der Implementierung zur Folge hätte.

Spezialsysteme

Der in [Katz u.a. 1986] beschriebene *Version Server* kann als Weiterentwicklung des im vorigen Abschnitt erläuterten Versionskonzepts angesehen werden. Da der *Version Server* auf der Basis des UNIX–Dateisystems bzw. eines speziell entwikkelten *Objekt Data Managers* realisiert wird, wobei auf die Verwendung von relationalen Komponenten verzichtet wurde, wurde diese Arbeit in die Kategorie der Spezialsysteme eingeordnet. Der *Version Server* verwaltet Versionen von hierarchisch strukturierten Entwurfsobjekten. Er erbringt dazu die folgenden Leistungen: Verwaltung verschiedener Repräsentationen (Sichten) eines hierarchischen Objekts, Verwaltung von Versionen von Teilentwürfen, Unterstützung von privaten Arbeitsspeicherbereichen für jeden Entwerfer, Kontrolle der Benutzung von Teilentwürfen durch andere Entwerfer, Überwachung der Validierung von Entwurfsobjekten. Der *Version Server* verwaltet nur die strukturellen Beziehungen zwischen Entwurfsobjekten, während die Gestalt der eigentlichen Entwurfsdaten (z.B. Layoutbeschreibungen oder Schaltschemata), die in sogenannten Repräsentationsobjekten gespeichert werden, nur den Werkzeugen nicht aber dem *Version Server* bekannt sind. Diese Beziehungen werden in der Entwurfsdatenbank durch sogenannte Strukturobjekte repräsentiert, die vom *Version Server* erzeugt werden. Strukturobjekte sind einmal die generischen Objekte, die verschiedenen im Verlauf des Entwurfsprozesses erzeugte Versionen eines Entwurfs zusammenfassen, und die Äquivalenzobjekte, durch die ausgedrückt werden kann, daß verschiedene Repräsentationen eines Entwurfsobjekts existieren.

Für die Verwaltung der Versionen eines Entwurfsobjekts wird als Datenstruktur ein Baum benutzt. Jeder Baum spiegelt die Entwicklungsgeschichte eines Objekts wider. Wenn eine neue Objektversion durch Veränderung einer vorhandenen erzeugt wird, wird sie als Sohnknoten der alten Version in den Baum eingefügt. Geschwisterknoten kennzeichnen alternative Ableitungen aus der im gemeinsamen Vaterknoten gespeicherten Version. Um die auf diese Weise erzeugbare große Anzahl von Ableitungen und Alternativen unter Kontrolle halten zu können, wird das Konzept der *aktuellen Version* eingeführt. Ableitungen von neuen Objektversionen sind nur von der aktuellen Version bzw. den aus ihr bereits abgeleiteten Versionen möglich. Jederzeit kann ein neuer Knoten im Versionsbaum zur aktuellen Version erklärt werden.

Der wesentliche Gedanke der hinter diesem Versionskonzept steht, ist die strikte Trennung von Strukturdaten und Entwurfsdaten. Dies führt zu einem recht allgemeinen Versionskonzept, das im Grunde keine VLSI–spezifischen Elemente aufweist und daher sicherlich auch für andere Anwendungsgebiete geeignet ist. Im nächsten Kapitel werden wir ein Versionskonzept vorstellen, das sehr eng mit der Struktur der Entwurfsdaten verknüpft ist.

4.2.1.3 Transaktionskonzepte

In Bild 4.14 sind einige der wohl bedeutendsten Arbeiten aufgeführt, die sich mit den Problemen von Entwurfstransaktionen in CAD–Datenbanken beschäftigen, die in Kapitel 3 erläutert wurden. Da wir uns mit diesen Problemen im Rahmen dieses Buches nicht weiter beschäftigen wollen, sollen hier nur einige kurze Bemerkungen zu den angeführten Arbeiten gemacht werden.

Bei der Betrachtung der verschiedenen Vorschläge für Transaktionskonzepte für Entwurfsdatenbanken fällt eine gewisse Konvergenz auf. Das den meisten Vorschlägen gemeinsame Grundmuster für die Lösung des Problems der langen Dauer von Entwurfstransaktionen besteht darin, jedem an einem Entwurfsprojekt beteiligten Entwerfer einen privaten Arbeitsspeicherbereich, auf den nur er Zugriff hat, zur Verfügung zu stellen. Wenn ein Entwerfer an einem Objekt arbeiten will, wird dieses durch eine sogenannte *Check–out*–Operation aus der allen Benutzern zugänglichen Datenbank in den privaten Arbeitsbereich kopiert. Hier kann der Entwerfer nun seine Arbeiten durchführen, während die übrigen Entwerfer weiterhin das in der öffentlichen Datenbank befindliche nicht modifizierte Objekt benutzen aber nicht verändern können. Nach Abschluß der Arbeiten an dem ausgelagerten Objekt wird es durch die sogenannte *Check–in*–Operation wieder in die öffentliche Datenbank zurücktransferiert. Ob dabei das alte Objekt überschrieben oder eine neue Version erzeugt wird, hängt von der jeweils gültigen "Philosophie" für die Objektverwaltung ab.

Dieses Grundkonzept findet sich in allen in Bild 4.14 unter der Anforderungskategorie *Transaktionskonzept* aufgeführten Arbeiten.

Verfeinerungen dieses Konzepts werden z.B. in [Katz u.a. 1986] und [Kim u.a. 1983] vorgeschlagen bzw. erläutert. Dabei geht es darum, durch Einführung sogenannter geschachtelter Transaktionen die Arbeit einer Gruppe von Entwerfern an einem komplexen Entwurfsobjekt zu erleichtern. Neben der öffentlichen Datenbank und den privaten Arbeitsbereichen gibt es noch einen halböffentlichen Speicherbereich, in den ein Entwerfer ein Objekt aus seinem privaten Arbeitsbereich kopieren und es damit anderen Entwerfern seiner Gruppe zugänglich machen kann, ohne bereits eine Check–in–Operation auszuführen und das Objekt damit aus seinem privaten Arbeitsbereich zu entfernen. Eine Transaktion, die auf einem Objekt aus dem halböffentlichen Speicherbereich durchgeführt wird, nennt man eine geschachtelte bzw. abhängige Transaktion.

In [Kim u.a. 1983] wird ein derartiges Modell mit den dazugehörigen Operationen detailliert beschrieben.

4.2.2 Existierende Datenverwaltungssysteme für den VLSI–Entwurf

In diesem Abschnitt soll anhand von Beispielen gezeigt werden, daß einige der im Rahmen von Forschungsprojekten entwickelten Konzepte, die in den vorigen Abschnitten erläutert wurden, inzwischen ansatzweise auch in Systeme einfließen, die als kommerzielle Produkte auf dem Markt erhältlich sind bzw. in naher Zukunft sein werden.

In [Bennett 1982] wird ein Datenverwaltungssystem für Entwurfsdaten der Firma Mentor Graphics Corporation beschrieben. Dieses System besteht im wesentlichen aus zwei Teilen, dem *Datamanager Subsystem* und dem *Database Subsystem*.

Der Datamanager ist ein Dateiverwaltungssystem, das um einige Funktionen, die für die Entwurfsdatenhaltung von Bedeutung sind, erweitert wurde. Der Datamanager führt ausschließlich Funktionen aus, die unabhängig vom Inhalt der Dateien durchführbar sind. Zu diesen Funktionen gehören u.a. die Versionskontrolle, die Konfigurationskontrolle und die Mehrbenutzer–Zugriffskontrolle.

Die Versionskontrolle ermöglicht dem Benutzer, eine bestimmte Anzahl von Versionen einer Entwurfsdatei auf verschiedenen Datenträgern durch das System verwalten zu lassen. Dies ist allerdings eine Leistung, die heute von jedem modernen Dateiverwaltungssystem standardmäßig erbracht wird. Eine Gruppe von Dateien, die der Benutzer als inhaltlich zusammengehörig oder voneinander abhängig spezifiziert, bildet eine sogenannte Konfiguration von Entwurfsdateien. Solche Konfigurationen werden von der Konfigurationskontrolle verwaltet, wobei auch überwacht wird, welche Dateiversionen in Beziehung gesetzt wurden, so daß der Benutzer bei Änderungen an einzelnen Dateien unterrichtet werden kann, daß eine Konfiguration nicht mehr auf dem neuesten Stand ist. Auch hier gilt, daß die Konfigurationskontrolle als Teil des Datamanagers nichts über den Inhalt der Beziehungen zwischen den Dateien einer Konfiguration weiß.

Die Mehrbenutzerkontrolle stellt sicher, daß zu einem Zeitpunkt nur ein Entwerfer eine Datei bearbeiten kann. Gleichzeitig können andere Benutzer auf ältere

Versionen dieser Datei lesend zugreifen, wobei diese davon unterrichtet werden, daß gerade eine neue Version in Bearbeitung ist.

Der Zugriff auf die Inhalte von einzelnen Entwurfsdateien durch Anwendungsprogramme (Werkzeuge) oder Benutzer geschieht über das Database Subsystem. Es realisiert eine dem relationalen Datenmodell entsprechende Sicht auf die Entwurfsdaten.

Für die Werkzeuge steht eine prozedurale Schnittstelle zur Verfügung, die wohl auf der Ebene der Relationenalgebra angesiedelt sein dürfte. Das bedeutet, daß die Werkzeuge das Schema kennen müssen. Über die Schemata für die unterschiedlichen Entwurfsebenen werden in [Bennett 1982] keine Angaben gemacht.

Diane F. Loomis beschreibt das Konzept eines verteilten Systems für den VLSI–Entwurf, wie es in der Firma VIA Systems entwickelt wurde, das als zentrale Komponente für die Datenverwaltung ein relationales Datenbanksystem verwendet [Loomis 1983]. Es wird ein relationales Schema —*Relational Circuit Model* genannt— verwendet, das alle im System zur Zeit bekannten Repräsentationsformen von integrierten Schaltungen umfaßt. Jede einzelne Repräsentionsform kann dann als relationale Sicht aus dem umfassenden Schema abgeleitet werden. Mit Hilfe des *Relational Circuit Models* wird durch das Entwurfssystem erzwungen, daß für eine Schaltung über alle Sichten hinweg die Konnektivität konsistent ist.

In [Haynie 1981] wird ein sogenanntes *Hybrid Data Model* vorgestellt, das die Grundlage des Datenbanksystems *Taco* der Firma Amdahl Corp. bildet [Haynie 1983a]. Das *Hybrid Data Model* vereinigt in sich die Konzepte des relationalen und des Netzwerkdatenmodells. Dabei wird die relationale Komponente vorwiegend für die Speicherung der eigentlichen Entwurfsdaten, die Netzwerkkomponente für die Verwaltung der Entwurfshierarchie und für die Versionenkontrolle verwendet. Es wird ein neuer Datentyp *access attribute* eingeführt, dessen Wertebereich aus Zeigern auf Relationen besteht. Dadurch wird es möglich, Hierarchien von Relationen aufzubauen. Außerdem ist vorgesehen, mehrere "Instanzen" einer Relation zu erzeugen, um umfangreiche Relationen in mehrere kleine aufteilen und so die Zugriffszeiten verbessern zu können. Relationen, die Attribute vom Typ *access attribute* enthalten, können durch eine einfache Modifikation der relationalen Datenmanipulationssprache SQL [Chamberlin u.a. 1976] genauso bearbeitet werden wie herkömmliche Relationen.

Um eine neue Version einer Relation zu erzeugen, wird nach diesem Konzept eine neue Ausprägung dieser Relation gebildet. Da beim Übergang von einer Version zur nächsten sich oft nur wenige Datenelemente ändern, entsteht durch dieses Vorgehen ein hohes Maß an Datenredundanz. Zur Vermeidung dieses Problems werden als Erweiterung des *Hybrid Data Models* die *revision relations* eingeführt. In diesen Relationen ist es möglich, mehrere Versionen (Revisionen) eines Tupels zu speichern. Dies wird durch zwei spezielle Attribute erreicht: Das Attribut *revin* eines Tupels gibt die Revisionsnummer der Relation an, bei der das Tupel in die Relation eingefügt wurde; das Attribut *revout* gibt an, ab welcher Revisionsnummer das Tupel als überholt zu betrachten ist. Das Löschen und Verändern von Tupeln in *revision relations* geschieht also durch die Modifikation des *Revout*–Attributs. Referenzen auf bestimmte Revisionen von Relationen können ebenfalls in Attributen vom Typ *access attribute* gehalten werden.

4.3 Zusammenfassung

Die große Zahl von Veröffentlichungen auf dem Gebiet der Datenbanksysteme für Nichtstandard–Anwendungen und insbesondere für VLSI/CAD–Anwendungen zeigt, daß die Frage einer effizienten Datenverwaltung in CAD–Systemen sehr an Bedeutung gewonnen hat. Beim VLSI–Entwurf ist die Ursache dafür hauptsächlich in der ständig gestiegenen und noch weiter steigenden Komplexität der Schaltungen zu suchen und damit zusammenhängend in der Notwendigkeit, größere Gruppen von Entwerfern an einem Entwurfsprojekt arbeiten zu lassen.

Die Frage, welche der in vorigen Abschnitten vorgestellten Konzepte am besten für die Lösung der aufgezeigten Probleme geeignet sind, ist beim gegenwärtigen Kenntnisstand nicht zu beantworten. In Teilbereichen, wie beim Problem der langen Transaktionen, setzen sich allmählich gewisse Standardlösungen durch, während z.B. in der Frage einer geeigneten Objektmodellierung die Lösungsansätze noch stark divergieren.

Eine Beurteilung der Leistungsfähigkeit der verschiedenen Konzepte ist bei der Komplexität des Problems der Datenhaltung in Entwurfssystemen letztlich nur durch praktische Erprobung möglich. Häufig existieren die Konzepte aber nur auf dem Papier oder es sind Prototypen realisiert, die in eine spezifische Entwurfsumgebung eingepaßt sind. Die Entwicklung kommerzieller Systeme hinkt den Forschungsansätzen noch weit hinterher, so daß insgesamt noch sehr wenig praktische Erfahrungen mit offenen CAD–Datenhaltungssystemen vorliegen.

Bei vielen Vorschlägen für die Objektmodellierung steht die Entwicklung geeigneter Datenstrukturen im Vordergrund. Dies gilt insbesondere auch für Erweiterungsvorschläge für das relationale Datenmodell, die ohne eine entsprechende Ergänzung der operationalen Schnittstelle (z.B. der Relationenalgebra) unvollständig sind.

Der Ansatz, durch eine Analyse der Bedürfnisse der Entwurfswerkzeuge zu einer Spezifikation einer operationalen Schnittstelle zu gelangen, ist bisher kaum verfolgt worden. Bei einer solchen Vorgehensweise tritt die Frage nach den geeigneten Datenstrukturen zunächst in den Hintergrund. Ebenso ist das Problem, ob eine spezielle Implementierung oder die Verwendung konventioneller Datenbanktechnik für die Realisierung gewählt wird, zunächst nachrangig. In den nächsten Kapiteln soll daher eine Annäherung an das Problem über diesen Weg versucht werden.

5 Modellierung von VLSI–Entwurfsobjekten

Nachdem wir in Kapitel 4 eine Übersicht über den Stand der Forschung zu den wichtigsten Problemen der Datenhaltung von VLSI–Entwurfsdaten gegeben haben, soll in diesem Kapitel die Modellierung von VLSI–Entwurfsobjekten ausführlich behandelt werden. Wir werden dabei auf Konzepte zurückgreifen, die von D.S. Batory und W. Kim vorgeschlagen wurden [Batory, Kim 1985]. Die Konzepte des Batory/Kim–Modells zeichnen sich zum einen dadurch aus, daß im Objektmodell das Versionskonzept integriert ist, zum anderen sind sie sehr stark an den speziellen Erfordernissen des VLSI–Entwurfs orientiert. Dies drückt sich u.a. darin aus, daß Datenstrukturen des Datenaustauschformats EDIF ihren Niederschlag im Objektmodell gefunden haben. Darüberhinaus wird für die einzelnen Modellierungskonzepte auch deren Umsetzung in ein relationales Schema angegeben [Batory, Buchmann 1984], so daß sich das Batory/Kim–Modell auch dazu eignet, die Realisierung eines mächtigen Objektmodells mit Hilfe eines relationalen Datenbanksystems zu demonstrieren.

Das Datenmodell für VLSI–Entwurfsobjekte, wie es von D.S. Batory und W. Kim vorgeschlagen wird, umfaßt insgesamt vier Konzepte: Das Konzept des *molecular objects* dient dazu, auszudrücken, daß sich ein Objekt aus (primitiven) Objekten zusammensetzt. Unter *version generalization* wird die Zusammenfassung verschiedener Versionen (Implementierungen) eines Objekttyps verstanden. Das Konzept *instantiation* erlaubt es, bei der Definition einer Objektversion, Ausprägungen von anderen Objekttypen zur referenzieren. Das Konzept *parameterized version* sieht vor, daß bei der Spezifikation einer Objektversion *V* die Ausprägung eines anderen Objekttyps angegeben wird, wobei die Festlegung, um welche Version dieses Typs es sich handeln soll, erst zum Zeitpunkt der Erzeugung der Ausprägung von *V* durch Parameterübergabe getroffen wird.

Zur Erläuterung der Konzepte soll als Beispiel die Modellierung des Exklusiv-Oder–Gatters vorgenommen werden, das bereits in Kapitel 2 als Beispiel diente. In den Bildern 5.1 und 5.2 sind zwei verschiedene Realisierungsversionen (mit Und– und Oder–Gattern sowie mit Nand–Gattern) dargestellt. Für beide Versionen ist im folgenden die EDIF–Beschreibung der Netzlisten angegeben. Wir beschränken uns hier auf die Netzlistendarstellung, auf die Problematik der Beschreibung verschiedener Sichten eines Objekts im Batory/Kim–Modell werden wir im Abschnitt 5.5 näher eingehen.

```
(CELL XOR
   (CELLTYPE GENERIC)
   (VIEW XOR_NET1
      (COMMENT "Exklusiv-Oder-Gatter mit Und- und
               Oder-Gattern")
      (VIEWTYPE NETLIST)
      (INTERFACE
         (PORT A (DIRECTION INPUT))
         (PORT B (DIRECTION INPUT))
         (PORT Z (DIRECTION OUTPUT)))
      (CONTENTS
         (INSTANCE I1 (VIEWREF INV_NET (CELLREF INV)))
         (INSTANCE I2 (VIEWREF INV_NET (CELLREF INV)))
         (INSTANCE A1 (VIEWREF AND_NET (CELLREF AND)))
         (INSTANCE A2 (VIEWREF AND_NET (CELLREF AND)))
         (INSTANCE 01 (VIEWREF OR_NET  (CELLREF OR)))
         (NET A
            (JOINED (PORTREF A)
                    (PORTREF A (INSTANCEREF I1))
                    (PORTREF A (INSTANCEREF A2))))
         (NET B
            (JOINED (PORTREF B)
                    (PORTREF A (INSTANCEREF I2))
                    (PORTREF B (INSTANCEREF A1))))
         (NET I1_A1
            (JOINED (PORTREF Z (INSTANCEREF I1))
                    (PORTREF A (INSTANCEREF A1))))
         (NET I2_A2
            (JOINED (PORTREF Z (INSTANCEREF I2))
                    (PORTREF B (INSTANCEREF A2))))
         (NET A1_01
            (JOINED (PORTREF Z (INSTANCEREF A1))
                    (PORTREF A (INSTANCEREF 01))))
```

```
(NET A2_01
   (JOINED (PORTREF Z (INSTANCEREF A2))
           (PORTREF B (INSTANCEREF 01))))
(NET Z
   (JOINED (PORTREF Z)
           (PORTREF Z (INSTANCEREF 01))))))
(VIEW XOR_NET2
   (COMMENT "Exklusiv-Oder-Gatter mit Nand-Gattern")
   (VIEWTYPE NETLIST)
   (INTERFACE
      (PORT A (DIRECTION INPUT))
      (PORT B (DIRECTION INPUT))
      (PORT Z (DIRECTION OUTPUT)))
   (CONTENTS
      (INSTANCE I3  (VIEWREF INV_NET  (CELLREF INV)))
      (INSTANCE I4  (VIEWREF INV_NET  (CELLREF INV)))
      (INSTANCE NA1 (VIEWREF NAND_NET (CELLREF NAND)))
      (INSTANCE NA2 (VIEWREF NAND_NET (CELLREF NAND)))
      (INSTANCE NA3 (VIEWREF NAND_NET (CELLREF NAND)))
      (NET A
         (JOINED (PORTREF A)
                 (PORTREF A (INSTANCEREF I3))
                 (PORTREF A (INSTANCEREF NA2))))
      (NET B
         (JOINED (PORTREF B)
                 (PORTREF A (INSTANCEREF I4))
                 (PORTREF B (INSTANCEREF NA1))))
      (NET I3_NA1
         (JOINED (PORTREF Z (INSTANCEREF I3))
                 (PORTREF A (INSTANCEREF NA1))))
      (NET I4_NA2
         (JOINED (PORTREF Z (INSTANCEREF I4))
                 (PORTREF B (INSTANCEREF NA2))))
      (NET NA1_NA3
         (JOINED (PORTREF Z (INSTANCEREF NA1))
                 (PORTREF A (INSTANCEREF NA3))))
      (NET NA2_NA3
         (JOINED
```

```
              (PORTREF Z (INSTANCEREF NA2))
              (PORTREF B (INSTANCEREF NA3))))
     (NET Z
       (JOINED (PORTREF Z)
               (PORTREF Z (INSTANCEREF NA3)))))))))
```

Die Struktur dieser beiden EDIF–Beschreibungen ist mit der aus Abschnitt 2.2 identisch, nur einige Bezeichnungen sind anders gewählt worden.

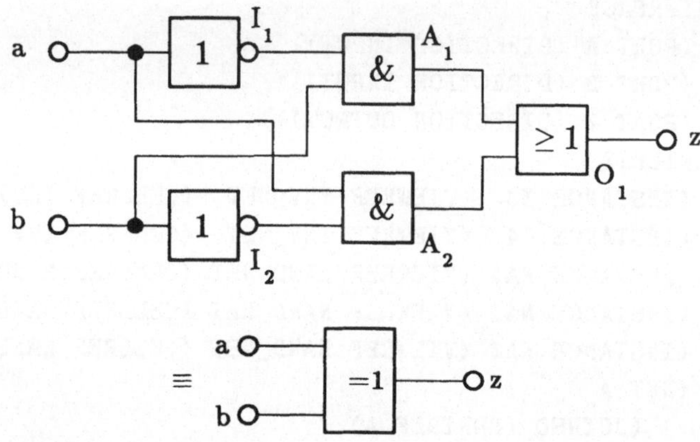

Bild 5.1: Exklusiv–Oder–Gatter mit Und– und Oder–Gattern

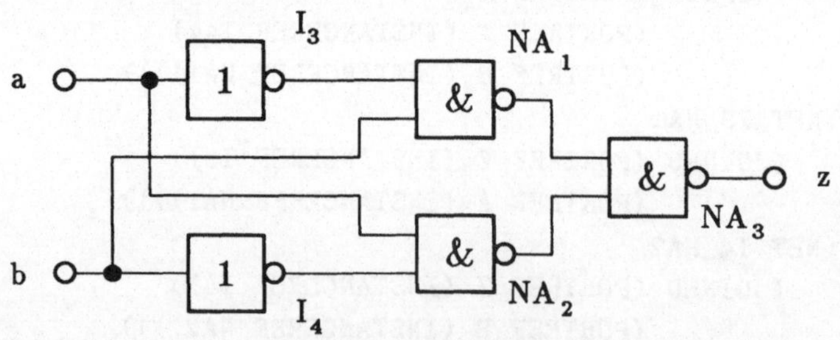

Bild 5.2: Exklusiv–Oder–Gatter mit Nand–Gattern

Im folgenden sind die EDIF–Netzlistenbeschreibungen der in den beiden Varianten des Exklusiv–Oder–Gatters benutzten Und–, Oder– und Nand–Gatter sowie des Inverters angeben.

```
(CELL INV
    (CELLTYPE GENERIC)
    (VIEW INV_NET (VIEWTYPE NETLIST)
        (INTERFACE
            (PORT A (DIRECTION INPUT))
            (PORT Z (DIRECTION OUTPUT)))))


(CELL AND
    (CELLTYPE GENERIC)
    (VIEW AND_NET (VIEWTYPE NETLIST)
        (INTERFACE
            (PORT A (DIRECTION INPUT))
            (PORT B (DIRECTION INPUT))
            (PORT Z (DIRECTION OUTPUT))))


(CELL OR
    (CELLTYPE GENERIC)
    (VIEW OR_NET (VIEWTYPE NETLIST)
        (INTERFACE
            (PORT A (DIRECTION INPUT))
            (PORT B (DIRECTION INPUT))
            (PORT Z (DIRECTION OUTPUT))))


(CELL NAND
    (CELLTYPE GENERIC)
    (VIEW NAND_NET (VIEWTYPE NETLIST)
        (INTERFACE
            (PORT A (DIRECTION INPUT))
            (PORT B (DIRECTION INPUT))
            (PORT Z (DIRECTION OUTPUT)))))
```

Da es sich bei den hier beschriebenen Gattern um primitive Bausteine handelt, für die in der Netzlistendarstellung keine weitere Verfeinerung existiert, ist der *contents*–Teil jeweils leer.

5.1   Darstellung strukturierter Objekte

Durch das Konzept der *molecular aggregation* werden Objekte verschiedenen Typs zu einem Objekt auf höherer Ebene zusammengefaßt. Die Objektbeschreibung auf der höheren Ebene wird *interface* genannt, während die Teilobjekte und ihre Beziehungen *implementation* genannt werden. Dies lehnt sich an die Struktur von Zellenbeschreibungen in EDIF an, bei der ein *cell-view* aus *interface* und *contents* besteht. Das *interface* ist sozusagen das Erscheinungsbild des Objekts nach außen, während die *implementation* das Innere des Objekts beschreibt.

Bild 5.3 zeigt ein ER–Diagramm, wie es für die Modellierung von EDIF–Netzlistenbeschreibungen für Zellen verwendet werden kann.

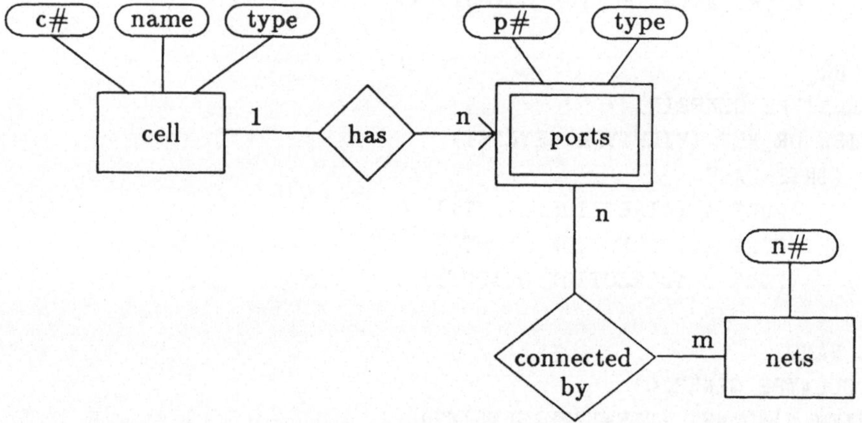

Bild 5.3: ER–Diagramm für EDIF–Netzlistenbeschreibungen

Für die Benutzung einer Zelle A innerhalb der Netzliste einer Zelle B werden nur die Informationen über die Ports der Zelle A benötigt, nicht aber deren interne Verbindungen. Entsprechend enthalten die *interfaces* der Zellen im obigen EDIF–Beispiel nur die Portdeklarationen. Das bedeutet, *interfaces* von Zellen können durch das ER–Diagramm in Bild 5.4 modelliert werden.

In Bild 5.5 ist in einer erweiterten Notation das ER–Diagramm des molekularen

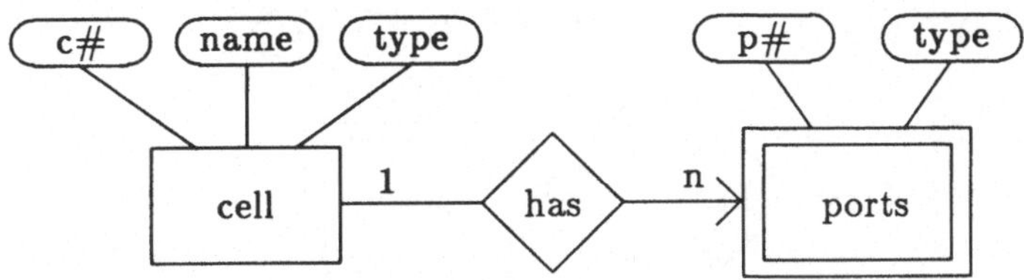

Bild 5.4: ER–Diagramm für *interfaces* von Zellen

Objekts *cell* angegeben. Der Vorgang der *molecular aggregation* wird durch die Umrandung des unteren Teildiagramms angedeutet. Die obere Hälfte stellt das *interface* dar und entspricht dem in Bild 5.1 dargestellten Beispiel des Exklusiv–Oder–Gatters in der rechten Darstellung. Das Datenmodell für die *implementation* befindet sich in der unteren Hälfte von Bild 5.5. Hier werden die Objekte *cell*, *ports* und *joins* mit ihren Beziehungen zueinander zu einem Objekt zusammengefaßt (Aggregation). Das *interface* ist die Abstraktion der *implementation*. Diese Zuordnung wird durch den gestrichelten Pfeil ausgedrückt.

Die Pfeilspitze soll dabei eine Teilmengen–Beziehung ausdrücken. Damit wird dem Sachverhalt Rechnung getragen, daß jedes molekulare Objekt eine *cell* ist, aber nicht jede *cell* ein molekulares Objekt. Im Zusammenhang von Netzlistenbeschreibungen sind z.B. Und– und Oder–Gatter Zellen, die keine weiteren Zellen enthalten. Entsprechend ist der *contents*–Teil dieser primitiven Zellen in der EDIF–Beschreibung leer.

Die Übertragung des ER–Diagramms in ein System von Relationen ist in Bild 5.6 angegeben. Die in den Relationen eingetragenen Tupel entsprechen der o.g. EDIF–Beschreibung der Version 1 des Exklusiv–Oder–Gatters. Durch das Attribut *parent–c#* wird jeweils angegeben, zu welcher Zelle höherer Ordnung ein Objekt (Tupel) gehört.

Im Gegensatz zum Konzept des *complex objects* [Haskin, Lorie 1982] können hier Zellen auch Komponenten von Zellen sein. Von der Abstraktion Aggregation nach Smith und Smith, wo eine Beziehung zwischen Objekten benannt und zu einem neuen Objekt abstrahiert wird, können bei der *molecular aggregation* eine beliebige Anzahl von Objekten und ihre Beziehungen zusammengefaßt werden.

Die zur Zelle *X1* gehörenden Tupel in den Relationen *cell* und *ports* haben jeweils keinen Eintrag im Attribut *parent–c#*. Diese Tupel sind die Ausprägung des

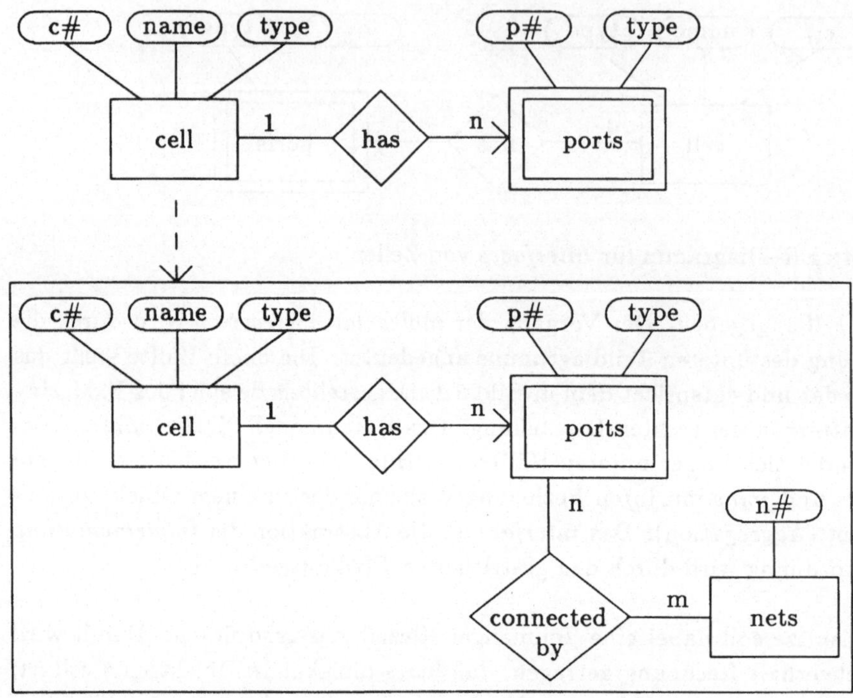

Bild 5.5: ER–Diagramm für das molekulare Objekt *cell*

interfaces des Exklusiv–Oder–Gatters.

5.2   Versionen

In EDIF können in einer Zellbeschreibung mehrere *views* vom gleichen Typ existieren, also z.B. mehrere Netzlistenbeschreibungen. Dies stellt sicherlich eine Möglichkeit dar, mehrere Versionen einer Zelle zu beschreiben. Im EDIF–Dokument wird aber auf die Semantik solcher mehrfach innerhalb einer Zelle auftretenden *views* vom gleichen Typ nicht näher eingegangen. Derartige Beschreibungen einer Zelle brauchen auch nichts weiter als den Zellnamen und den Zelltyp gemeinsam zu haben. Insbesondere können sie auch verschiedene *interfaces* besitzen, da in EDIF ein *view* immer aus *interface* und *contents* besteht.

Das Konzept der **version generalization** führt nun an dieser Stelle eine im Ver-

cell	c#	type	name	parent-c#
	I1	GENERIC	INV	X1
	I2	GENERIC	INV	X1
	A1	GENERIC	AND	X1
	A2	GENERIC	AND	X1
	O1	GENERIC	OR	X1
	X1	GENERIC	XOR	

ports	c#	p#	type	parent-c#
	I1	A	INPUT	X1
	I1	Z	OUTPUT	X1
	I2	A	INPUT	X1
	I2	Z	OUTPUT	X1
	A1	A	INPUT	X1
	A1	B	INPUT	X1
	A1	Z	OUTPUT	X1
	A2	A	INPUT	X1
	A2	B	INPUT	X1
	A2	Z	OUTPUT	X1
	O1	A	INPUT	X1
	O1	B	INPUT	X1
	O1	Z	OUTPUT	X1
	X1	A	INPUT	
	X1	B	INPUT	
	X1	Z	OUTPUT	

nets	n#	start-c#	start-p#	end-c#	end-p#	parent-c#
	A	X1	A	I1	A	X1
	A	I1	A	A2	A	X1
	B	X1	B	I2	A	X1
	B	I2	A	A1	B	X1
	I1_A1	I1	Z	A1	A	X1
	I2_A2	I2	Z	A2	B	X1
	A1_O1	A1	Z	O1	A	X1
	A2_O1	A2	Z	O1	B	X1
	Z	O1	Z	X1	Z	X1

Bild 5.6: Relationen für das molekulare Object *cell*

gleich zu EDIF strengere Semantik in der Weise ein, daß alle Versionen einer Zelle das gleiche *interface* aber verschiedene *implementations* besitzen. Die Beziehung zwischen den Konzepten *molecular object* und *version generalization* wird nun in der Weise hergestellt, daß jede Objektversion als ein molekulares Objekt betrachtet wird, das also auch wieder aus *interface* und *implementation* besteht. Um dies geeignet darstellen zu können, werden die Daten des *interfaces* in diejenigen, die einen Objekttyp definieren (für alle Versionen gleich) und in versionsspezifische (z.B. Erzeugungsdaten einer Version) separiert. Die Versionen erben alle Attribute ihres Objekttyps. In [Batory, Kim 1985] wird exakt angegeben, wie im allgemeinen Fall die Abbildung dieses Konzepts auf ein Relationensystem vorzunehmen ist. Wir wollen uns hier auf darauf beschränken, das erweiterte ER–Diagramm für unser Beispiel anzugeben. Bild 5.7 zeigt die Entity–Mengen *cell type* und *ports type*, die den Objekttyp bilden. Das ist der für alle Versionen gemeinsame Teil des *interfaces*. Die Entity–Mengen *cell version* und *ports version* beschreiben die versionsspezifischen Daten des *interfaces*. Da *ports version* außer dem Schlüssel *p#* keine weiteren Attribute aufweist, braucht in diesem Fall dafür keine Relation angelegt zu werden.

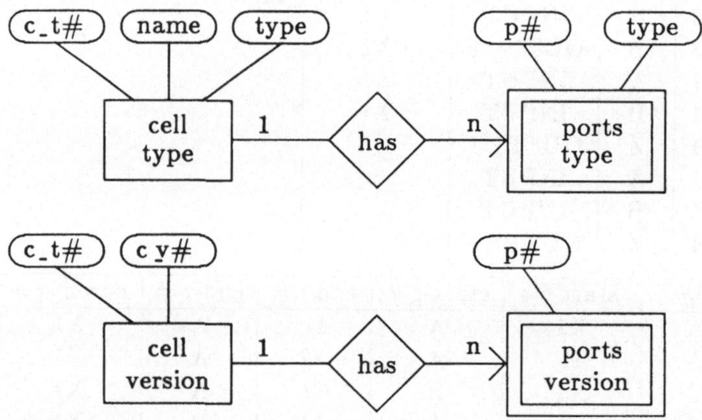

Bild 5.7: Cell types und cell version interfaces

Eine Version eines Objekts besteht aus *interface* und *implementation* und ist damit ein *molecular object* in dem im vorigen Abschnitt beschriebenen Sinn. Die besondere Beziehung zwischen den Entity–Mengen für die Objekttypen und die Objektversionen werden im ER–Diagramm nicht graphisch hervorgehoben. Im Batory/Kim–Modell werden die zusammengehörenden Entity–Mengen durch einen gemeinsamen Objektnamen und den Anhängseln "type" bzw. "version" gekennzeichnet.

5.3 Objektausprägung

Die Verwendung bereits definierter Zellen beim Entwurf von neuen Zellen ist eine häufig benutzte Technik beim VLSI–Entwurf. Die Bezugnahme auf eine vorhandene Zelldefinition sollte daher auch im Datenmodell der Entwurfsdatenbank möglich sein, um das andernfalls notwendige Kopieren von allen die benutzte Zelle beschreibenden Informationen zu vermeiden und die Verwaltung der Verwendungsbeziehung durch das Datenhaltungssystem zu ermöglichen.

In dem betrachteten Datenmodell wurde zu diesem Zweck das Konzept der *instantiation* eingeführt. Ausprägungen von Objekten werden durch Angabe von Typ und Version des gewünschten Objekts gebildet. Jede Ausprägung bekommt eine Nummer, um sie von anderen Ausprägungen des gleichen Objekts unterscheiden zu können. Sie erbt alle Attribute von Objekttyp und –version, zusätzliche Attribute des Exemplars (z.B. Plazierungsattribute bei geometrischen Objekten) sind aber möglich. Die Bildung von Ausprägungen ist auch auf Typebene möglich, d.h. es wird keine spezielle Objektversion angegeben. In Bild 5.8 ist das ER–Diagramm von Bild 5.5 unter Berücksichtigung der Konzepte *version generalization* und *instantiation* dargestellt.

Für die Entity–Menge *ports instance* gilt das bereits für *ports version* Gesagte. In dem in den Bildern 5.9 und 5.10 dargestellten Relationensystem treten für diese beiden Entity–Mengen auch keine Relationen auf. Um die vorgestellten Konzepte besser demonstrieren zu können, enthalten die Relationen in Bild 5.9 und 5.10 auch die Tupel für die zweite Version unseres EDIF–Beispiels (Realisierung mit Nand–Gattern). Zusammenfassend läßt sich sagen, daß durch das Konzept *instantiation* die Wiederholung von *interface–* und *implementation–*Beschreibung während durch die *version generalization* die Wiederholung von Objekttyp–Informationen vermieden wird.

Die Tupel in den Relationen *cell–type* und *ports–type* beschreiben jeweils einen Zellobjekttyp. Das Exklusiv–Oder–Gatter ist dort durch das Tupel *(C_T5, XOR, GENERIC)* in *cell–type* und die drei Tupel mit $c\_t\# = C\_T5$ in *ports–type* repräsentiert. In der Relation *cell–version* sind zwei Versionen des Zelltyps C_T5 eingetragen, die den beiden Versionen des Exklusiv–Oder–Gatters aus der EDIF–Beschreibung entsprechen. Die Implementierung dieser beiden Versionen wird in den Relationen *cell–instance* und *nets* (Bild 5.10) beschrieben. Diese beiden Relationen sind die Umsetzung des molekularen Objekts *cell*. Während in dem

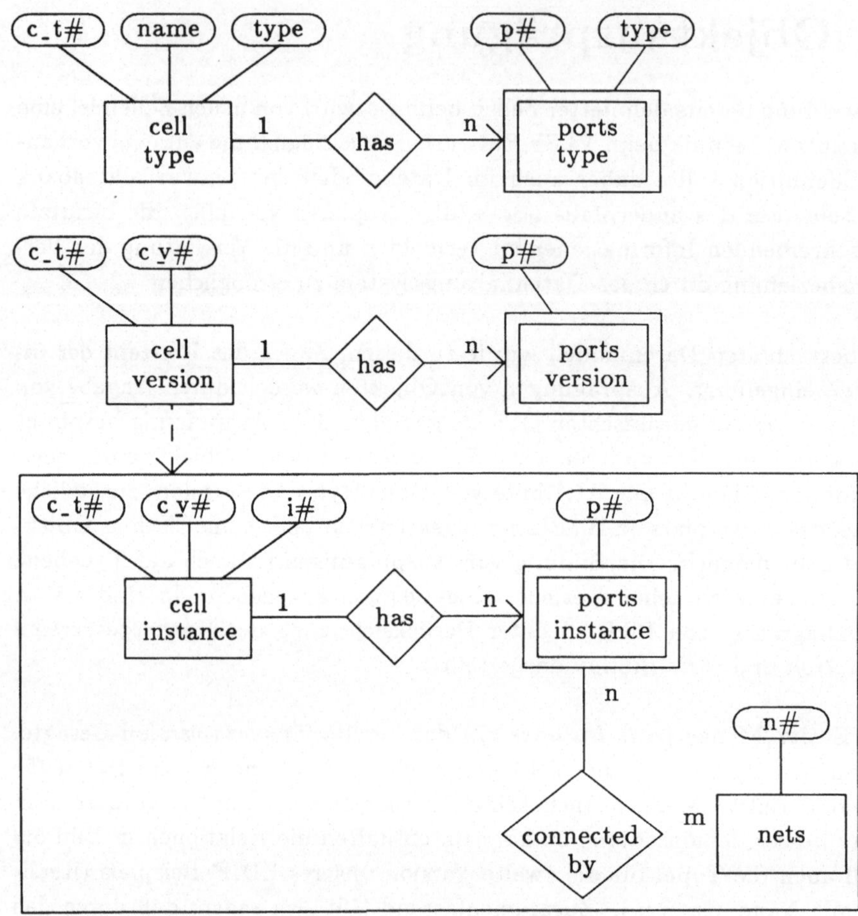

Bild 5.8: EDIF–Netzlistenschema nach dem Batory/Kim–Modell

Schema von Bild 5.6 für jede Benutzung eines Gatters alle Informationen für *interface* und *implementation* wiederholt werden müßten, treten derartige Redundanzen in dem Schema nach Bild 5.9 und 5.10 nicht auf, da sowohl *implementation* als auch *interface* jeder Gatterversion nur einmal in den Relationen gespeichert werden.

cell-type	c_t#	name	type
	C_T1	INV	GENERIC
	C_T2	AND	GENERIC
	C_T3	OR	GENERIC
	C_T4	NAND	GENERIC
	C_T5	XOR	GENERIC

cell-version	c_t#	c_v#
	C_T5	V1
	C_T5	V2
	C_T1	V1
	C_T2	V1
	C_T3	V1
	C_T4	V1

ports-type	c_t#	p#	type
	C_T1	A	INPUT
	C_T1	Z	OUTPUT
	C_T2	A	INPUT
	C_T2	B	INPUT
	C_T2	Z	OUTPUT
	C_T3	A	INPUT
	C_T3	B	INPUT
	C_T3	Z	OUTPUT
	C_T4	A	INPUT
	C_T4	B	INPUT
	C_T4	Z	OUTPUT
	C_T5	A	INPUT
	C_T5	B	INPUT
	C_T5	Z	OUTPUT

cell-instance	c_t#	c_v#	i#	parent_type_c_v	
	C_T1	V1	I1	C_T5	V1
	C_T1	V1	I3	C_T5	V2
	C_T1	V1	I2	C_T5	V1
	C_T1	V1	I4	C_T5	V2
	C_T2	V1	A1	C_T5	V1
	C_T2	V1	A2	C_T5	V1
	C_T3	V1	O1	C_T5	V1
	C_T4	V1	NA1	C_T5	V2
	C_T4	V1	NA2	C_T5	V2
	C_T4	V1	NA3	C_T5	V2

Bild 5.9: Batory/Kim–Relationen des Exklusiv–Oder–Gatters, Teil 1

nets	n#	start# i#	start p#	end i#	end p#	parent type_c_v
A_V1	-	A	I1	A	C_T5 V1
A_V1	I1	A	A2	A	C_T5 V1
B_V1	-	B	I2	A	C_T5 V1
B_V1	I2	A	A1	B	C_T5 V1
I1_A1	I1	Z	A1	A	C_T5 V1
I2_A2	I2	Z	A2	B	C_T5 V1
A1_O1	A1	Z	O1	A	C_T5 V1
A2_O1	A2	Z	O1	B	C_T5 V1
Z_V1	O1	Z	-	Z	C_T5 V1
A_V2	-	A	I3	A	C_T5 V2
A_V2	I3	A	NA2	A	C_T5 V2
B_V2	-	B	I4	A	C_T5 V2
B_V2	I4	A	NA1	B	C_T5 V2
I3_NA1	I3	Z	NA1	A	C_T5 V2
I4_NA2	I4	Z	NA2	B	C_T5 V2
NA1_NA3	NA1	Z	NA3	A	C_T5 V2
NA2_NA3	NA2	Z	NA3	B	C_T5 V2
Z_V2	NA3	Z	-	Z	C_T5 V2

Bild 5.10: Batory/Kim–Relationen des Exklusiv–Oder–Gatters, Teil 2

5.4 Parametrisierte Versionen

Es ist bereits erwähnt worden, daß bei der Bildung von Ausprägungen sowohl Objektversionen als auch Objekttypen referenziert werden können. Eine Objektversion, die Typausprägungen enthält, kann als Objektschablone oder als generisches Objekt angesehen werden, dessen Typausprägungen zu einem späteren Zeitpunkt an bestimmte Ausprägungen von Objektversionen gebunden werden können, wodurch aus der Objektschablone dann eine vollständig beschriebene Objektversion wird. Objektversionen, die Typausprägungen enthalten, werden im Batory/Kim–Modell *parametrisierte Versionen* genannt. Die Typausprägungen sind die Parameter, die an Objektversionen der entsprechenden Objekttypen gebunden werden können.

Durch dieses Konzept erfährt der Versionsbegriff eine Ausweitung in der Weise, daß neben den Objektversionen, die durch verschiedene Implementierungen einer Schnittstelle entstehen, auch solche existieren können, die durch unterschiedliche Bindung von Parametern parametrisierter Versionen entstehen. Dabei ist es auch möglich, aus parametrisierten Versionen neue parametrisierte Versionen zu erzeugen, indem nur ein Teil der Parameter gebunden oder Parameter wiederum an parametrisierte Versionen gebunden werden. Diese erweiterte Dimension des Versionsbegriffs unterstützt eine Top–Down–Entwurfsmethodik, bei der die Zerlegung eines Objekts in Teilobjekte insoweit unvollständig beschrieben werden kann, als die Teilobjekte nur bezüglich ihres Typs spezifiziert zu werden brauchen.

So ist es z.B. in der Phase des funktionellen Entwurfs einer arithmetisch–logischen Einheit unerheblich, welche Version des Exklusiv–Oder–Gatters zur Realisierung eines Volladdierers benutzt wird. Für die Logiksimulation unter Berücksichtigung von Gatterlaufzeiten ist es hingegen erforderlich, den Parameter "Exklusiv–Oder–Gatter–Typ" an eine bestimmte Version zu binden.

Die Darstellung von Versionen durch Parameterbindung im relationalen Modell geschieht durch eine Relation, die die Zuordnung einer Objektversion zu den in ihr vorkommenden Typausprägungen enthält. Parametrisierte Versionen sind in dieser Relation daran zu erkennen, daß der Eintrag für die Parameterbindung bei einem oder mehreren Parametern fehlt. Ein ähnliches Versionskonzept findet sich in einer allgemeinen Darstellung in [Berkel u.a. 1987]. Auch hier werden konkretere Objektversionen aus abstrakteren durch fortschreitende Bindung von Attributen (Parametern) an spezielle Werte erzeugt.

5.5   Kritik des Batory/Kim–Modells

Wie wir in den vorangegangenen Abschnitten gezeigt haben, handelt es sich beim Batory/Kim–Modell um ein Objektmodell, das speziell auf die Modellierung von VLSI–Entwurfsobjekten zugeschnitten ist. Das gilt sowohl für die Modellierung komplexer zusammengesetzter Objekte als auch für das Versionskonzept, das auf der Trennung der Objektbeschreibung in Schnittstelle und Implementierung basiert. Danach sind zwei Implementierungen eines Objekttyps (mit gemeinsamer Schnittstelle) zwei Versionen des Objekts. Eine Unterscheidung, ob es sich bei den Versionen um zwei Realisierungsalternativen handelt oder ob die zweite Version eine geringfügige Verbesserung gegenüber der ersten darstellt, wird in diesem Modell nicht vorgenommen und von den Autoren wohl auch nicht für notwendig erachtet. Trotzdem kommt das Batory/Kim–Modell den im dritten

Kapitel beschriebenen Anforderungskatalog für VLSI–Objektmodelle sehr nahe, allerdings mit einer wichtigen Einschränkung, mit der wir uns im folgenden etwas näher beschäftigen wollen.

In [Batory, Kim 1985] wird eingeräumt, daß das Problem der Modellierung von Versionen mehrdimensional ist, daß man zwischen verschiedenen Sichten bzw. Repräsentationen, Entwurfsalternativen und Versionen im engeren Sinne unterscheiden kann. Mit der Begründung, daß diese Dimensionalität des Versionsbegriffs noch nicht hinreichend klar definiert werden konnte, wird sie im Batory/Kim–Modell nicht weiter betrachtet. Während sich aber die Begriffe Version und Alternative noch einigermaßen unter dem Versionsbegriff von Batory und Kim, der auf der Trennung der Objektbeschreibung in Schnittstelle und Inhalt beruht, subsumieren lassen, kann diese Vorgehensweise auf Repräsentationen nicht ohne weiteres ausgedehnt werden. Es kann nämlich nicht davon ausgegangen werden, daß zwei verschiedene Repräsentationen eines Objekts die gleiche Schnittstellenbeschreibung aufweisen. Beispielsweise gehören zu einer Schnittstellenbeschreibung einer Zelle auf der Layout–Ebene auch die Angabe der Lage und Ausdehnung der Ports für die Anschlüsse der Versorgungsspannung, während in einer Netzlistenbeschreibung derartige Anschlüsse nicht immer vorhanden sind.

In EDIF ist ein spezielles Sprachkonstrukt (portMap) vorgesehen, um die Ports in verschiedenen Sichten (views) einer Zelle, die das gleiche Objekt beschreiben, zueinander in Beziehung zu setzen. In IREEN (vgl. Abschnitt 4.2.1.1) werden sichtabhängige Elemente einer Schnittstelle durch eine entsprechende Attributierung gekennzeichnet. Andere Möglichkeiten verschiedene Repräsentationen von Objekten zu einem übergeordnetem Objekt zusammenzufassen sind in Kapitel 4 behandelt worden.

Abschließend noch einige Bemerkungen zu den Operationen des Batory/Kim–Modells: In [Batory, Kim 1985] werden nur einige wenige primitive Operationen zum Erzeugen, Verändern und Löschen von Objekttypen, –versionen und –ausprägungen spezifiziert. Dieser Satz von Operationen kann allenfalls als Basis für eine mächtige operationale Werkzeugschnittstelle angesehen werden. Auf die Semantik der Operationen wird auch nicht im Detail eingegangen.

6   Spezifikation operationaler Werkzeugschnittstellen

Von entscheidender Bedeutung für die Akzeptanz von integrierten Datenhaltungssystemen für VLSI–Entwurfsdaten durch Werkzeugentwickler und Benutzer ist neben der Effizienz des Zugriffs auf die Daten das Vorhandensein einer operationalen Schnittstelle zwischen Datenhaltung und Werkzeugen, die sich in ihrem semantischen Niveau und ihrer Mächtigkeit an den Erfordernissen der Entwurfswerkzeuge orientiert. Die Fachdiskussion auf diesem Gebiet ist bisher aber in erster Linie an der Untersuchung geeigneter Strukturen für die Datenrepräsentation orientiert. Obwohl diese Diskussion durchaus notwendig ist und einige — wie in den vorangegangenen Kapiteln gezeigt wurde — beachtenswerte Vorschläge gebracht hat, sollte einmal der Versuch unternommen werden, das Problem von der Anwendungsseite, d.h. von den Werkzeugen her, anzugehen. Ziel dieser Vorgehensweise sollte es sein, für alle Entwurfsebenen einen Satz von Standardoperationen, die den Zugriff auf die in der Datenhaltung gespeicherten Daten abwickeln, zu spezifizieren.

Eine solche operationale Schnittstelle sollte folgenden Anforderungen genügen: Die Identifizierung von Objekten und die Angabe von Selektionskriterien für den Objektzugriff erfolgt in einer von der Entwurfsumgebung bestimmten Terminologie und nicht in Datenbankbegriffen. Die Schnittstelle muß einen Mindestkatalog von Operationen umfassen, mit denen aus heutiger Sicht alle in Frage kommenden Werkzeuge auskommen können. Eine Erweiterung der Schnittstelle für neue bzw. veränderte Anwendungen muß selbstverständlich möglich sein. Um dies zu erreichen ist eine sorgfältige Analyse der Bedürfnisse einer Anzahl typischer Werkzeuge an eine integrierte Datenhaltung erforderlich.

Eine Schnittstelle auf hohem Niveau hätte verschiedene Vorteile. Einmal ließen sich Werkzeuge an eine entsprechend ihren Erfordernissen konzipierte Schnittstelle mit verhältnismäßig geringem Aufwand anpassen. Aus methodischer Sicht ergäbe sich der Vorteil, daß "unterhalb" dieser Schnittstelle verschiedene Ansätze für die Lösung des Problems der Datenintegration weiter verfolgt werden können, ohne daß die Werkzeuge immer wieder an neue Schnittstellen angepaßt werden müßten.

Da die Spezifikation und Implementierung einer solchen operationalen Schnittstelle eine komplexe softwaretechnische Aufgabe ist, ist es sinnvoll, eine Spezifi-
kationsmethode zu verwenden, die einerseits die Unabhängigkeit von der Datenrepräsentation gewährleistet, andererseits ermöglicht, zu einem frühen Zeitpunkt
zu einem Prototyp der spezifizierten Schnittstelle zu gelangen. Diese Kriterien
werden z.B. von algebraischen Spezifikationstechniken [Kreowski 1981; Ehrig,
Mahr 1985] erfüllt, da durch eine algebraische Spezifikation ein abstraktes Modell des zu realisierenden Systems beschrieben wird, das einerseits keine bestimmte Datenrepräsentation festlegt, andererseits operationserzeugt und damit
rechnerausführbar ist. Es gibt inzwischen einfach zu handhabende Sprachen für
algebraische Spezifikationen. Die Rechnerausführbarkeit wird durch Interpreter
für algebraische Spezifikationen realisiert, die heute ebenfalls verfügbar sind.

Eine so spezifizierte Schnittstelle läßt sich dann über mehrere algebraische Im-
plementierungsschritte z.B. auf eine ebenfalls algebraisch spezifizierte relationale Sprachschnittstelle abbilden. Diese Anmerkung sollte aber nicht zu dem
Mißverständnis Anlaß geben, daß die Implementierung auf einer relationalen
Datenbank erfolgen muß. Im Gegenteil, da algebraische Spezifikationen ein abstraktes Modell beschreiben und eben keine bestimmte Datenrepräsentation fest-
legen, ist jede beliebige Implementierung der Operationen möglich, solange sie
die Semantik der Spezifikation erfüllt.

In Abschnitt 6.1 wird eine intuitive Einführung in die algebraische Spezifikation von abstrakten Datentypen gegeben. In Abschnitt 6.2 werden die in EDIF
für die Beschreibung von Masken–Layouts verwendbaren geometrischen Objekte
als Datentypen spezifiziert. In Abschnitt 6.3 werden abstrakte Datentypen für
Layout–Werkzeuge algebraisch spezifiziert, um die Anwendbarkeit der Methode
für die Spezifikation einer operationalen Werkzeugschnittstelle zu demonstrieren.
Zum Schluß werden in Abschnitt 6.4 einige Probleme der Implementierung einer
algebraisch spezifizierten Schnittstelle behandelt.

Die Konstruktion einer Schnittstelle für den Zugriff auf eine nichtkonventionelle
Datenbank in Form von abstrakten Datentypen wird auch in [Härder, Reuter
1985] und in [Lüke, Bever 1985] vorgeschlagen.

6.1 Algebraische Spezifikation von abstrakten Datentypen

Die Grundthese des algebraischen Ansatzes für die Spezifikation von abstrakten Datentypen ist: Datentypen sind Algebren. In der Mathematik wird eine Struktur, bestehend aus einer oder mehreren Basismengen (Datenmengen, Datenbereiche) und einer Menge von Operationen auf diesen Basismengen, als Algebra bezeichnet. Das Konzept der abstrakten Datentypen sieht vor, Datenstrukturen durch Angabe der auf ihnen ausführbaren Operationen zu definieren. Dies ist im Grunde genau die Aufgabe, die bei der Spezifikation einer operationalen Werkzeugschnittstelle gestellt ist.

In der Theorie der algebraischen Spezifikationen wird nun gezeigt, daß Algebren als mathematische Modelle abstrakter Datentypen betrachtet werden können [Kreowski 1981]. Ohne auf diese Theorie hier näher eingehen zu können, sollen die grundlegenden Ideen an einem einfachen Beispiel, der Spezifikation der ganzen Zahlen, demonstriert werden.

Eine algebraische Spezifikation besteht aus Sorten, Operationssymbolen und Gleichungen. Durch die Sorten werden Datenbereiche benannt. Jedes Operationssymbol besitzt eine Funktionalität, die durch seine Argumentsorten (Eingabesorte) und die Zielsorte (Ausgabesorte) gegeben ist. Die linken und rechten Seiten der Gleichungen bestehen aus Termen mit Variablen. Die folgende Spezifikation int enthält eine Sorte *int* und die Operationssymbole O, *SUCC* und *PRED*. Die Operation O, die keine Eingabesorte besitzt, wird als Konstante der Sorte *int* aufgefaßt.

$$
\begin{aligned}
\text{int} = \quad &\text{SORTS} &&: int \\
&\text{OPNS} &&: O : \rightarrow int \\
& &&SUCC : int \rightarrow int \\
& &&PRED : int \rightarrow int \\
&\text{EQNS} &&: \forall\, x \in int: \\
& &&SUCC(PRED(x)) = x \\
& &&\forall\, x \in int: \\
& &&PRED(SUCC(x)) = x
\end{aligned}
$$

Die Angabe der Sorten und die Operationsdeklarationen werden als Signatur der Spezifikation bezeichnet. Sie kann als Syntax der Spezifikation aufgefaßt werden, die festlegt, wie Terme der Spezifikation aussehen müssen. Die Gleichungen beschreiben Eigenschaften der den Operationssymbolen zugeordneten Operationen einer noch anzugebenden Algebra.

Die Spezifikation **int** intendiert, daß alle positiven ganzen Zahlen als Nachfolger und alle negativen ganzen Zahlen als Vorgänger der Null erzeugt werden.

Seien die ganzen Zahlen durch die Algebra

$$\mathbf{Z} = (Z, 0_Z, PRED_Z, SUCC_Z)$$

mit $SUCC_Z(z) = z + 1$ und $PRED_Z(z) = z - 1$ für alle $z \in Z$ definiert.

Betrachtet man nun die Menge $T_{\mathbf{int}}$ der Terme der Spezifikation **int**, die die Gestalt

$$OP_1 \ldots OP_n(0) \text{ mit } n \in \mathbf{N} \text{ und } OP_i \in \{SUCC, PRED\} \; i = 1, \ldots, n$$

haben, so lassen sich diese Terme mit folgender Interpretationsfunktion g auf die ganzen Zahlen abbilden:

$$g(0) = 0_Z$$
$$g(SUCC(t)) = SUCC_Z(g(t)) \text{ mit } t \in T_{\mathbf{int}}$$
$$g(PRED(t)) = PRED_Z(g(t)) \text{ mit } t \in T_{\mathbf{int}}$$

Der Menge der ganzen Zahlen Z entsprechen dann als ausgezeichnete Urbilder die Terme

$$0, \text{ da } g(0) = 0_Z,$$
$$SUCC^m(0), \text{ da } g(SUCC^m(0)) = +m \text{ und}$$
$$PRED^n(0), \text{ da } g(PRED^n(0)) = -n \text{ ist.}$$

Die Abbildung g ist surjektiv, da jede ganze Zahl ein Urbild in $T_{\mathbf{int}}$ hat, aber nicht injektiv, da es beliebig viele weitere Terme gibt. So wird z.B. der Term

$$PRED(SUCC(PRED(0)))$$

auf -1 abgebildet. Das bedeutet, daß die Menge $T_{\mathbf{int}}$ Terme enthält, die aufgrund der Interpretation gleich sein sollten, es aber nicht sind.

Terme sind nur gleich, wenn sie formal übereinstimmen. Im folgenden wird erläutert, wie die Terme, die durch die Interpretationsfunktion auf die gleiche ganze

Zahl abgebildet werden, durch die Gleichungen der Spezifikation int identifiziert werden.

Sei t ein beliebiger Term aus T_{int}. Sei $s(t)$ die Anzahl der $SUCC$-Operationen und $p(t)$ die Anzahl der $PRED$-Operationen von t und sei $g(t) = s(t) - p(t)$. Es ist leicht einzusehen, daß die Funktion g gerade der oben beschriebenen Interpretationsfunktion entspricht, die T_{int}-Terme auf Z abbildet.

Alle Terme, die nun aus einem beliebigen int–Term durch Anwenden der Gleichungen von int erzeugt werden können, bilden eine Äquivalenzklasse. Die Differenzen der Anzahl von $SUCC$– und $PRED$-Operationen äquivalenter Terme sind gleich, weil durch Anwendung der Gleichungen die Operationen immer nur paarweise eliminiert bzw. hinzugefügt werden können. Jeder Term kann nun so umgeformt werden, daß keine $SUCC$– und $PRED$-Operationen mehr gleichzeitig auftreten, d.h. jeder Term ist zu einem der Terme $0, SUCC^m(0), PRED^m(0)$ äquivalent.

Sei $\equiv$ die durch die Gleichungen der Spezifikation int erzeugte Äquivalenzrelation. Dann wird durch

$$Q_{int} = (T_{int}/_{\equiv}, 0_Q, SUCC_Q, PRED_Q)$$

eine Algebra definiert, die sogenannte Quotiententermalgebra zur Spezifikation int, wobei $T_{int}/_{\equiv}$ die durch die Äquivalenzrelation $\equiv$ erzeugte Quotientenmenge, d.h. die Menge der Mengen äquivalenter Terme (Äquivalenzklassen) ist.

Die Äquivalenzklassen werden durch einen Vertreter dieser Klasse (Repräsentanten), eingeschlossen in eckige Klammern, bezeichnet. Die durch die int–Gleichungen erzeugten Äquivalenzklassen sind:

$$\{[0]\} \cup \{[SUCC^m(0)] \mid m \geq 1\} \cup \{[PRED^m(0)] \mid m \geq 1\}.$$

Es läßt sich nun zeigen, daß ein Homomorphismus $h : Q_{int} \to \mathbf{Z}$ existiert:

$$h([PRED^m(0)]) = -m \text{ für alle } m \geq 1$$
$$h([SUCC^n(0)]) = +n \text{ für alle } n \geq 1$$
$$h([0]) = 0_Q.$$

Diese Zuordnung ist bijektiv und damit ist $\mathbf{Z}$ isomorph zu Q_{int}.

Auf diese hier am Beispiel der ganzen Zahlen demonstrierte Weise kann man zu jeder algebraischen Gleichungsspezifikation als deren Semantik eine Quotiententermalgebra konstruieren.

Man sagt, eine Spezifikation **spec** $= (S, Op, E)$ sei korrekt bezüglich einer Vergleichsalgebra **A**, falls Q_{spec} isomorph zu **A** ist. So ist in unserem Beispiel die Spezifikation **int** korrekt bezüglich der Algebra **Z**. Auf dieser Basis sind auch Korrektheitsbeweise von Spezifikationen möglich. Eine Schwierigkeit besteht dabei darin, daß die Vergleichsalgebra **A**, die im Rahmen der Entwicklung eines Softwaresystems der Anforderungsdefinition entspricht, häufig nur in einer natürlich–spachlichen Formulierung vorliegt. Die Problematik des Korrektheitsbegriffs wird in [Kreowski 1981] eingehend behandelt.

Im folgenden verwenden wir die Sprache ACT ONE [Ehrig u.a. 1983; Ehrig, Mahr 1985] zum Notieren parametrisierter algebraischer Spezifikationen. Die Semantik von ACT ONE ist mathematisch durch sogenannte "Freie Funktoren" erklärt; für den Spezialfall einfacher unparametrisierter Spezifikationen wie im obigen Beispiel ergibt sich als Semantik gerade die oben erläuterte Quotiententermalgebra. In der Syntax von ACT ONE sieht die Spezifikation **int** nun folgendermaßen aus:

```
DEF    int       IS
       SORTS     int
       OPNS      0: → int
                 SUCC: int → int
                 PRED: int → int
       EQNS      FOR ALL x IN int:
                 SUCC(PRED(x))= x
                 FOR ALL x IN int:
                 PRED(SUCC(x)) = x
END OF DEF
```

Parametrisierte Spezifikationen erlauben es, Datentypen mit einem formalen Parameteranteil zu definieren, der später je nach Anwendungskontext durch einen aktuellen Datentyp ersetzt werden kann. Im folgenden Beispiel wird ein Datentyp **list** spezifiziert, wobei die Listenelemente zu einer formalen Sorte *f–data* gehören.

```
DEF    list        IS
       FORMAL   SORTS f-data
       SORTS    list
       OPNS     EMPTY: → list
                RADD: list f-data → list
       END OF DEF
```

Als Strukturierungshilfsmittel für das Aufschreiben komplexer Spezifikationen gibt es in ACT ONE die *Extension*, d.h. die Anreicherung von durch ihren Namen referenzierten parametrisierten Spezifikationen um weitere Sorten, Operationssymbole und Gleichungen, *Union*, d.h. die Vereinigung von parametrisierten Spezifikationen, *Actualization*, d.h. die Aktualisierung eines Parameters einer parametrisierten Spezifikation durch eine andere parametrisierte Spezifikation und das *Renaming*, d.h. die anwendungsbezogene Umbenennung von Sorten und Operationssymbolen parametrisierter Spezifikationen.

Um nun z.B. einen Datentyp **list of integers** zu spezifizieren, kann man den Datentyp **list** mit dem Datentyp **int** aktualisieren:

```
DEF   list-of-int IS list ACTUALIZED BY int
      USING SORTNAMES
      int FOR f-data
END OF DEF
```

Zur Sprache ACT ONE gibt es einen Interpreter, der auf evaluierten Spezifikationen (das sind solche, in denen die Sprachkonstrukte von ACT ONE ausgerechnet sind, so daß nur noch die Abteilungen SORTS, OPNS und EQNS auftreten) arbeitet. Er ist in der Lage, für eine Teilklasse von Spezifikationen Terme, die aus den in den spezifizierten Datentypen vorkommenden Operationssymbolen gebildet werden können, effektiv auszuwerten. Auswerten heißt in diesem Fall, solange Gleichungen von links nach rechts als Umformungsregeln anzuwenden, bis keine weitere Gleichung mehr anwendbar ist.

Durch den Interpreter wird also im Prinzip eine algebraische Spezifikation zu einer rechnerausführbaren Version der spezifizierten abstrakten Datentypen. Allerdings ist ohne zusätzliche Ein/Ausgabe–Konventionen die praktische Handhabung dadurch eingeschränkt, daß die Terme sehr schnell sehr groß werden. Dies wird bei den in den nächsten Abschnitten angegebenen Beispielen noch deutlich werden.

6.2   Spezifikation EDIF–orientierter Basisdatentypen

Als eine wesentliche Anforderung an eine operationale Schnittstelle wurde formuliert, daß die Terminologie der Benennung von Objekten und Operationen der Entwurfsumgebung angepaßt sein sollte. Aus diesem Grund soll das Datenaustauschformat EDIF als Basis für die Spezifikation von Datentypen verwendet werden, die die Grundlage für die im nächsten Abschnitt spezifizierten Schnittstellenoperationen bilden. Obwohl EDIF noch nicht für alle Entwurfsebenen adäquate Beschreibungsmittel zur Verfügung stellt, ist es doch die bisher umfassendste Sprache für die Beschreibung von Entwurfsdaten. Da die Aussichten, daß sich EDIF langfristig als Standard durchsetzen wird, allgemein als gut angesehen werden, spricht einiges dafür bei neuen Entwicklungen von Werkzeugen und Schnittstellen die in EDIF benutzte Terminologie zu verwenden.

Im folgenden werden einige für die Beschreibung und Verarbeitung von Layout–Daten erforderliche EDIF–Konstrukte ausgewählt und in entsprechende Datentypen in ACT ONE umgesetzt. Um die Sammlung der Datentypen überschaubar zu halten, beschränken wir uns hier auf die Layout–Sicht. Außerdem werden wir bei der Umsetzung einiger EDIF–Konstrukte Teile außer acht lassen, die für die im Abschnitt 6.3 spezifizierten Operationen nicht wesentlich sind. Da in EDIF an verschiedenen Stellen die ganzen Zahlen nebst den auf ihnen definierten arithmetischen Operationen benötigt werden, ist im Anhang B eine entsprechende ACT ONE–Spezifikation angegeben.

Die meisten EDIF–Konstrukte lassen sich auf Listen, Mengen oder n–Tupel abbilden. Entsprechende Datentypen werden in der Spezifikation der EDIF–Datentypen sehr häufig benötigt. Es ist daher sinnvoll zunächst parametrisierte Datentypen für Listen, Mengen und n–Tupel zu spezifizieren.

Bei den Listen wollen wir zwei Typen unterscheiden: Listen, die leer sein dürfen und Listen, die mindestens ein Element besitzen müssen.

Spezifikation eines Datentyps für Listen:

```
DEF c_list[data_set] IS

    FORMAL SORTS f_data_set

    SORTS c_list

    OPNS C_EMPTY :                           -> c_list
         C_RADD   : c_list f_data_set -> c_list

END OF DEF
```

Spezifikation eines Datentyps für nichtleere Listen:

```
DEF c_nl_list[data_set] IS

    FORMAL SORTS f_data_set

    SORTS c_nl_list

    OPNS C_MAKE : f_data_set                 -> c_nl_list
         C_RADD : c_nl_list f_data_set -> c_nl_list

END OF DEF
```

Die Syntax von ACT ONE erlaubt es, in Namen auch die meisten Sonderzeichen
zu verwenden. Davon ist bei den beiden oben angegebenen Spezifikationen in
der Weise Gebrauch gemacht worden, daß in den Namen der Datentypen jeweils
die Zeichenkette "[data_set]" auftritt, die andeuten soll, daß es sich um einen
parametrisierten Datentyp handelt, der einen formalen Parameter aufweist. Eine
ähnliche Notation werden wir auch bei anderen parametrisierten Datentypen
verwenden.

Der Datentyp c_list[data_set] ist semantisch dem Datentyp list aus Abschnitt
6.1 äquivalent. Durch die Konstante *C_EMPTY* ist es möglich eine leere Liste zu
erzeugen, während im Datentyp c_nl_list[data_set] nur Listen mit mindestens
einem Element (Operation *C_MAKE*) erzeugt werden können. Mit der Operation
C_RADD kann an eine vorhandene Liste ein Element rechts angefügt werden.

Spezifikation eines Datentyps für Mengen:

```
DEF c_set[data_set] IS [data_set]

    SORTS c_set

    OPNS C_EMPTY_SET :                       -> c_set
         C_ADD        : c_set f_data_set  -> c_set
         C_INSERT     : c_set f_data_set  -> c_set
         ITE          : bool c_set c_set  -> c_set


    EQNS
    {1} FOR ALL s IN c_set; d, d' IN f_data_set:
        C_INSERT(C_EMPTY_SET,d) = C_ADD(C_EMPTY_SET,d)
    {2} FOR ALL s IN c_set; d, d' IN f_data_set:
        C_INSERT(C_ADD(s,d),d')
        = ITE(F_EQ_D(d,d'),C_ADD(s,d),
                          C_ADD(C_INSERT(s,d'),d))
    {3} FOR ALL s, s' IN c_set:
        ITE(TRUE,s,s') = s
    {4} FOR ALL s, s' IN c_set:
        ITE(FALSE,s,s') = s'


END OF DEF
```

Der Datentyp **c_set[data_set]** besitzt zwei Operationen, mit denen zu einer vorhandenen Menge ein Element hinzugefügt werden kann: *C_ADD* und *C_INSERT*. *C_INSERT* fügt ein Element nur dann der Menge hinzu, wenn dieses Element nicht bereits in der Menge enthalten ist. Um dies realisieren zu können, wird ein Gleichheitsprädikat (*F_EQ_D*, s. Gleichung 2) und eine Operation *ITE* (Abkürzung für *IF THEN ELSE*) für die Fallunterscheidung benötigt. Durch die Hinzunahme der Spezifikation [data_set] innerhalb von **c_set** wird das Gleichheitsprädikat *F_EQ_D* auf den Elementen der Menge definiert:

```
DEF [data_set] IS bool

    FORMAL SORTS f_data_set
```

```
FORMAL OPNS F_EQ_D : f_data_set f_data_set -> bool

FORMAL EQNS
{1} FOR ALL d, d', d" IN f_data_set:
    F_EQ_D(d,d) = TRUE
{2} FOR ALL d, d', d" IN f_data_set:
    IMPL(UND(F_EQ_D(d,d'),F_EQ_D(d',d")),F_EQ_D(d,d"))
    = TRUE
END OF DEF
```

In [data_set] wird außerdem die Spezifikation des Datentyps **bool** (s. Anhang B)
hinzugenommen, so daß in **c_set[data_set]** die Operation *ITE* spezifiziert werden kann, die die Sorte *bool* als Eingabesorte benötigt. Der Datentyp [**data_set**]
enthält formale Sorten, Operationssymbole und Gleichungen. Dadurch kann der
Datentyp **c_set[data_set]** nur mit einem Datentyp aktualisiert werden, der zu
dieser Formal–Spezifikation paßt.

In den drei folgenden Spezifikationen werden Datentypen für Tupel mit 2, 3 und
5 Elementen definiert. Alle enthalten je eine Operation für das Erzeugen eines
Tupels und Projektionsoperationen für den Zugriff auf die einzelnen Elemente
eines Tupels.

```
DEF c_tuple[data_set1'data_set2] IS

    FORMAL SORTS f_data_set1, f_data_set2

    SORTS c_tuple

    OPNS C_TUPLE : f_data_set1 f_data_set2 -> c_tuple
        C_P1    : c_tuple                  -> f_data_set1
        C_P2    : c_tuple                  -> f_data_set2

    EQNS
    {1} FOR ALL d IN f_data_set1; d' IN f_data_set2:
        C_P1(C_TUPLE(d,d')) = d
    {2} FOR ALL d IN f_data_set1; d' IN f_data_set2:
        C_P2(C_TUPLE(d,d')) = d'
END OF DEF
```

```
DEF c_triple[data_set1'data_set2'data_set3] IS

    FORMAL SORTS f_data_set1, f_data_set2, f_data_set3

    SORTS c_triple

    OPNS C_TRIPLE : f_data_set1
                    f_data_set2
                    f_data_set3 -> c_triple
         C_P1      : c_triple     -> f_data_set1
         C_P2      : c_triple     -> f_data_set2
         C_P3      : c_triple     -> f_data_set3

    EQNS
    {1} FOR ALL d  IN f_data_set1;
                d' IN f_data_set2;
                d" IN f_data_set3:
        C_P1(C_TRIPLE(d,d',d")) = d
    {2} FOR ALL d  IN f_data_set1;
                d' IN f_data_set2;
                d" IN f_data_set3:
        C_P2(C_TRIPLE(d,d',d")) = d'
    {3} FOR ALL d  IN f_data_set1;
                d' IN f_data_set2;
                d" IN f_data_set3:
        C_P3(C_TRIPLE(d,d',d")) = d"

END OF DEF

DEF c_5_tuple[d_s1'd_s2'd_s3'd_s4'd_s5] IS

    FORMAL SORTS f_s1, f_s2, f_s3, f_s4, f_s5

    SORTS c_5_tuple

    OPNS C_5_TUPLE : f_s1 f_s2 f_s3 f_s4 f_s5 -> c_5_tuple
         C_P1       : c_5_tuple                -> f_s1
         C_P2       : c_5_tuple                -> f_s2
```

```
        C_P3        : c_5_tuple                 -> f_s3
        C_P4        : c_5_tuple                 -> f_s4
        C_P5        : c_5_tuple                 -> f_s5
    EQNS
    {1} FOR ALL t1   IN f_s1;
                t2   IN f_s2;
                t3   IN f_s3;
                t4   IN f_s4;
                t5   IN f_s5:
        C_P1(C_5_TUPLE(t1,t2,t3,t4,t5)) = t1
    {2} FOR ALL t1   IN f_s1;
                t2   IN f_s2;
                t3   IN f_s3;
                t4   IN f_s4;
                t5   IN f_s5:
        C_P2(C_5_TUPLE(t1,t2,t3,t4,t5)) = t2
    {3} FOR ALL t1   IN f_s1;
                t2   IN f_s2;
                t3   IN f_s3;
                t4   IN f_s4;
                t5   IN f_s5:
        C_P3(C_5_TUPLE(t1,t2,t3,t4,t5)) = t3
    {4} FOR ALL t1   IN f_s1;
                t2   IN f_s2;
                t3   IN f_s3;
                t4   IN f_s4;
                t5   IN f_s5:
        C_P4(C_5_TUPLE(t1,t2,t3,t4,t5)) = t4
    {5} FOR ALL t1   IN f_s1;
                t2   IN f_s2;
                t3   IN f_s3;
                t4   IN f_s4;
                t5   IN f_s5:
        C_P5(C_5_TUPLE(t1,t2,t3,t4,t5)) = t5
END OF DEF
```

In Anhang A ist als weiterer Hilfsdatentyp **edif_name_char** spezifiziert. Er
enthält im wesentlichen den für Namen in EDIF gültigen Zeichensatz.

Basisdatentypen für Layout–Beschreibungen

In den folgenden ACT ONE–Texten werden EDIF–Konstrukte, die für die Beschreibung von Masken–Layouts benötigt werden, als abstrakte Datentypen spezifiziert. Obwohl eine ACT ONE–Spezifikation stets top–down formuliert werden muß, werden wir die EDIF–Datentypen hier zunächst von unten aufbauen, weil die so spezifizierten Datentypen aus sich heraus leichter verständlich sind. Neben den Datentypen, die direkt EDIF–Konstrukten entsprechen, werden noch eine Reihe von Hilfsdatentypen benötigt, um z.B. geometrische Primitive in Strukturen (z.B. Tupel oder Listen) zusammenzufassen, die in syntaktisch übergeordneten EDIF–Konstrukten verwendet werden. In den Datentyp–Spezifikationen, die EDIF–Konstrukten direkt entsprechen, ist die zugehörige EDIF–Syntax als Kommentar angegeben.

Das einfachste geometrische Element in EDIF ist der **Punkt**, der durch zwei Koordinaten bestimmt ist. Ein passender Datentyp läßt sich in einfacher Weise als Aktualisierung des Datentyps **c_tupel[data_set1' data_set2]** mit dem Datentyp *int* spezifizieren. Außerdem bietet sich eine geeignete Umbenennung der Sorten– und Operationsnamen an.

```
DEF pt IS

{ EDIF-Syntax: pt ::= '(' 'pt' integerValue
                             integerValue ')' }

    c_tuple[data_set1'data_set2] ACTUALIZED BY int
    USING SORTNAMES
            int FOR f_data_set1
            int FOR f_data_set2
    RENAMED BY
      SORTNAMES
        pt       FOR c_tuple
      OPNAMES
        PT       FOR C_TUPLE
        X_COORD FOR C_P1
        Y_COORD FOR C_P2
END OF DEF
```

Die zur Zeit noch gültige Syntax von ACT ONE erlaubt nicht die Aktualisierung eines Datentyps und die anwendungsspezifische Umbenennung (RENAMED BY) in einer Spezifikation. Insofern weicht die Spezifikation **pt** von der ACT ONE-Syntax ab. Da aber eine entsprechende Erweiterung der Syntax geplant ist und durch die Kombination beider Konzepte in einer Spezifikation, die Spezifikation von zusätzlichen Hilfsdatentypen vermieden wird, machen wir hier davon bereits Gebrauch.

Der Datentyp **ptlist** ist eine Hilfskonstruktion, die weiter unten für die Spezifikation von Polygonen und Pfaden benötigt wird.

```
DEF ptlist IS
    c_nl_list[data_set] ACTUALIZED BY pt
    USING SORTNAMES
            pt FOR f_data_set
    RENAMED BY
      SORTNAMES
        ptlist    FOR c_nl_list
      OPNAMES
        MAKE_PTL FOR C_MAKE
        RADD_PTL FOR C_RADD
END OF DEF
```

Bevor die Spezifikation der Datentypen für geometrische Primitive fortgesetzt wird, sollen hier zunächst die geometrischen **Transformationen** behandelt werden. Eine Transformation in EDIF ist im allgemeinen Fall aus einer Skalierung in x– und in y–Richtung, einer Drehung bzw. Spiegelung und einer Translation zusammengesetzt. Solche Transformationen werden auf Zellausprägungen angewendet und damit auf alle geometrischen Elemente, die in den plazierten Zellen enthalten sind. Zusätzlich können durch das *Delta–Konstrukt* noch die Aufrufpunkte der Elemente eines Arrays von Ausprägungen angegeben werden. Diesen Fall wollen wir in den folgenden Ausführungen unberücksichtigt lassen.

Durch den Datentyp **orientation** werden die Konstanten für die verschiedenen Spiegelungen und Drehungen spezifiziert.

```
DEF orientation IS

{EDIF-Syntax: orientation ::= '(' 'orientation'
                             ( 'R0' | 'R90' | 'R180'
                             | 'R270' | 'MX' | 'MY'
                             | 'MYR90' | 'MXR90')
                             ')' }
    SORTS orientation

    OPNS R0    : -> orientation
         R90   : -> orientation
         R180  : -> orientation
         R270  : -> orientation
         MX    : -> orientation
         MY    : -> orientation
         MYR90 : -> orientation
         MXR90 : -> orientation


END OF DEF
```

Skalierungsfaktoren werden in EDIF durch zwei ganze Zahlen angegeben, wovon
die erste den Zähler und die zweite den Nenner des Skalierungsfaktors bildet. Da
dieses Paar von ganzen Zahlen formal der Spezifikation eines Punktes entspricht,
kann ein Datentyp **fraction** aus dem Datentyp **pt** durch Umbenennung der
Sorten und Operationssymbole erzeugt werden.

```
DEF fraction IS
    pt RENAMED BY
      SORTNAMES
        fraction       FOR pt
      OPNAMES
        FRACTION       FOR PT
        NUMERATOR      FOR X_COORD
        DENOMINATOR    FOR Y_COORD
END OF DEF
```

Die Einführung des Datentyps **fraction** dient lediglich der besseren Lesbarkeit
der Spezifikation. In der folgenden Spezifikation **transform** könnte statt mit

fraction ebenso mit **pt** aktualisiert werden, semantisch wäre das kein Unterschied.

Die Transformation kann als 5–Tupel dargestellt werden. Dazu wird der entsprechende parametrisierte Datentyp mit **fraction** für die Skalierungen in x– und y–Richtung, mit einer Punktliste (ptlist) für *Delta*, mit **orientation** und mit **pt** für den neuen Ursprung (*Origin*) aktualisiert.

```
DEF transform IS

{EDIF-Syntax: transform ::= '(' 'transform'
                            [scaleX] [scaleY] [delta]
                            [orientation] [origin] ')'}


    c_5_tuple[d_s1'd_s2'd_s3'd_s4'd_s5] ACTUALIZED BY pt
                                        AND fraction
                                        AND orientation
                                        AND ptlist

    USING SORTNAMES
            fraction     FOR f_s1
            fraction     FOR f_s2
            ptlist       FOR f_s3
            orientation  FOR f_s4
            pt           FOR f_s5
    RENAMED BY
      SORTNAMES
        transform     FOR c_5_tuple
      OPNAMES
        TRANSFORM   FOR C_5_TUPLE
        SCALEX      FOR C_P1
        SCALEY      FOR C_P2
        DELTA       FOR C_P3
        ORIENTATION FOR C_P4
        ORIGIN      FOR C_P5
    AND int

    OPNS TRANSLATE    : pt transform -> pt
         SCALE        : pt transform -> pt
```

```
ORIENT       : pt transform -> pt
TRANSFORM_PT : pt transform -> pt


EQNS
{ 1} FOR ALL x, y IN int; t IN transform:
SCALE(PT(x,y),t)
   = PT(Z_DIV(Z_MULT(x,NUMERATOR(SCALEX(t))),
             DENOMINATOR(SCALEX(t))),
       Z_DIV(Z_MULT(y,NUMERATOR(SCALEY(t))),
             DENOMINATOR(SCALEY(t))))
{ 2} FOR ALL x, y IN int; t IN transform:
   TRANSLATE(PT(x,y),t)
   = PT(Z_ADD(x,X_COORD(ORIGIN(t))),
        Z_ADD(y,Y_COORD(ORIGIN(t))))
{ 3} FOR ALL x, y   IN int;
             f1, f2 IN fraction;
             p       IN pt;
             pl      IN ptlist:
   ORIENT(PT(x,y),TRANSFORM(f1,f2,pl,R0,p)) = PT(x,y)
{ 4} FOR ALL x, y   IN int;
             f1, f2 IN fraction;
             p       IN pt;
             pl      IN ptlist:
   ORIENT(PT(x,y),TRANSFORM(f1,f2,pl,R90,p))
   = PT(Z_MINUS(y),x)
{ 5} FOR ALL x, y   IN int;
             f1, f2 IN fraction;
             p       IN pt;
             pl      IN ptlist:
   ORIENT(PT(x,y),TRANSFORM(f1,f2,pl,R180,p))
   = PT(Z_MINUS(x),Z_MINUS(y))
{ 6} FOR ALL x, y   IN int;
             f1, f2 IN fraction;
             p       IN pt;
             pl      IN ptlist:
   ORIENT(PT(x,y),TRANSFORM(f1,f2,pl,R270,p))
   = PT(y,Z_MINUS(x))
```

```
{ 7} FOR ALL x, y   IN int;
             f1, f2 IN fraction;
             p      IN pt;
             pl     IN ptlist:
     ORIENT(PT(x,y),TRANSFORM(f1,f2,pl,MX,p))
     = PT(x,Z_MINUS(y))
{ 8} FOR ALL x, y   IN int;
             f1, f2 IN fraction;
             p      IN pt;
             pl     IN ptlist:
     ORIENT(PT(x,y),TRANSFORM(f1,f2,pl,MY,p))
     = PT(Z_MINUS(x),y)
{ 9} FOR ALL x, y   IN int;
             f1, f2 IN fraction;
             p      IN pt;
             pl     IN ptlist:
     ORIENT(PT(x,y),TRANSFORM(f1,f2,pl,MYR90,p))
     = PT(Z_MINUS(y),Z_MINUS(x))
{10} FOR ALL x, y   IN int;
             f1, f2 IN fraction;
             p      IN pt;
             pl     IN ptlist:
     ORIENT(PT(x,y),TRANSFORM(f1,f2,pl,MXR90,p))
     = PT(y,x)
{11} FOR ALL p IN pt; t IN transform:
     TRANSFORM_PT(p,t)
     = TRANSLATE(ORIENT(SCALE(p,t),t),t)
END OF DEF
```

Die Wirkung der Transformationsoperationen (*SCALE, ORIENT* und *TRANS-LATE*) wird durch die Gleichungen 1 bis 10 spezifiziert. Durch die Gleichung 11 wird festgelegt, daß die Transformation eines Punktes durch Anwendung der Operationen *SCALE, ORIENT* und *TRANSLATE* in dieser Reihenfolge durchgeführt wird. Dies entspricht der im EDIF–Dokument angegebenen Regel.

Da mit den Transformationsoperationen die ersten in Layout–Werkzeugen häufig auszuführenden Operationen spezifiziert sind, soll an dieser Stelle die Interpretation komplexer Terme durch den ACT ONE–Interpreter an einem Beispiel demonstriert werden. Der Punkt

```
(pt 4 6)
```

soll mit der Transformation

```
(transform
   (scaleX 3 2)
   (scaleY 4 3)
   (orientation R90)
   (origin (pt 4 5))
```

versehen werden. Dazu müssen der Punkt und die Transformation zunächst als Terme der Spezifikationen **pt** und **transform** geschrieben werden:

```
PT(SUCC(SUCC(SUCC(SUCC(0)))),
   SUCC(SUCC(SUCC(SUCC(SUCC(SUCC(0)))))))
```

```
TRANSFORM(FRACTION(SUCC(SUCC(SUCC(0))),SUCC(SUCC(0))),
          FRACTION(SUCC(SUCC(SUCC(SUCC(0)))),
                   SUCC(SUCC(SUCC(0)))),
          MAKE_PTL(PT(0,0)),
          R90,
          PT(SUCC(SUCC(SUCC(SUCC(0)))),
             SUCC(SUCC(SUCC(SUCC(SUCC(0)))))))
```

Die Komponente *MAKE_PTL(PT(0,0))* wird für die gewählte Beispieltransformation nicht benötigt und dient hier lediglich als Platzhalter, da der Datentyp **transform** als 5–Tupel definiert ist.

Die Operation *TRANSFORM_PT* kann nun mit diesen beiden Parametern aufgerufen werden:

```
TRANSFORM_PT(
   PT(SUCC(SUCC(SUCC(SUCC(O)))),
      SUCC(SUCC(SUCC(SUCC(SUCC(O)))))),
   TRANSFORM(FRACTION(SUCC(SUCC(SUCC(O))),SUCC(SUCC(O))),
             FRACTION(SUCC(SUCC(SUCC(SUCC(O)))),
                      SUCC(SUCC(SUCC(O)))),
             MAKE_PTL(PT(O,O)),
             R90,
             PT(SUCC(SUCC(SUCC(SUCC(O)))),
                SUCC(SUCC(SUCC(SUCC(SUCC(O))))))
            ))
```

Bei Eingabe dieses Operationsaufrufes in den ACT ONE–Interpreter liefert dieser
als Ergebnis den Term:

```
PT(PRED(PRED(PRED(PRED(O)))),
   SUCC(SUCC(SUCC(SUCC(SUCC(SUCC(
   SUCC(SUCC(SUCC(SUCC(SUCC(O)))))))))))))
```

Dies entspricht einem Punkt (pt − 4, 11). Man kann sich leicht davon überzeugen,
daß dies das korrekte Ergebnis der Transformation ist.

An diesem einfachen Beispiel wird deutlich, daß die gegenwärtig zur Verfügung
stehenden Möglichkeiten der Ein/Ausgabe des ACT ONE–Interpreters unzureichend sind. Zum einen müssen EDIF–Texte von Hand in entsprechende Terme
umgewandelt werden, zum anderen ist die Interpretation der Ergebnisterme,
wenn diese eine gewisse Komplexität überschreiten, recht mühsam. Eine kom-
fortablere Benutzerschnittstelle wäre hier sicherlich wünschenswert, im Prinzip
ist aber der Test der spezifizierten Operationen auf die gezeigte Art und Weise
möglich.

Punktlisten werden in EDIF zur Beschreibung von Polygonen und Pfaden benötigt. Ein entsprechender Datentyp kann aus der Spezifikation ptlist (s.o.) unter
Hinzunahme einer Transformationsoperation für Punktlisten gebildet werden.

```
DEF pointlist IS

{EDIF-Syntax: pointlist :== '(' 'pointList'
                            (* pointValue *) ')'}
    ptlist RENAMED BY
     SORTNAMES
       pointlist FOR ptlist
     OPNAMES
       MAKE_PL     FOR MAKE_PTL
       RADD_PL     FOR RADD_PTL


AND transform


OPNS TRANSFORM_PL : pointlist transform -> pointlist


EQNS
{1} FOR ALL p IN pt; pl IN pointlist; t IN transform:
    TRANSFORM_PL(MAKE_PL(p),t)
    = MAKE_PL(TRANSFORM_PT(p,t))
{2} FOR ALL p IN pt; pl IN pointlist; t IN transform:
    TRANSFORM_PL(RADD_PL(pl,p),t)
    = RADD_PL(TRANSFORM_PL(pl,t),TRANSFORM_PT(p,t))
END OF DEF
```

Die Operation *TRANSFORM_PL* wird auf die Transformation der einzelnen
Punkte zurückgeführt. Gleichung 1 behandelt den Fall, daß die Punktliste ge-
nau einen Punkt enthält, Gleichung 2 den Fall, daß es sich um eine beliebige
Punktliste handelt.

Ein Kreisbogen wird durch drei Punkte festgelegt: der erste ist der Anfangs-
punkt, der zweite ein beliebiger Punkt auf dem Kreisbogen und der dritte ist der
Endpunkt des Kreisbogens.

```
DEF arc IS

{EDIF-Syntax: arc ::= '(' 'arc'
                      pointValue pointValue pointValue ')'}


    c_triple[data_set1'data_set2'data_set3]
    ACTUALIZED BY pt
    USING SORTNAMES
            pt FOR f_data_set1
            pt FOR f_data_set2
            pt FOR f_data_set3
    RENAMED BY
      SORTNAMES
        arc      FOR c_triple
      OPNAMES
        ARC      FOR C_TRIPLE
        STARTPT FOR C_P1
        ARCPT   FOR C_P2
        ENDPT   FOR C_P3
END OF DEF
```

Der Hilfsdatentyp **segment** dient dazu, Kreisbögen und durch Geradenstücke
zu verbindende Punkte, wie sie in Kurvenzügen (vgl. Datentyp **curve**) auftreten
können, zusammenzufassen. Die Transformation von Segmenten wird spezifiziert.

```
DEF segment IS arc AND transform

    SORTS segment

    OPNS SEGMENT_PT  : pt                      -> segment
         SEGMENT_ARC : arc                      -> segment
         TRANSFORM_S : segment transform -> segment


    EQNS
    {1} FOR ALL p IN pt; t IN transform:
        TRANSFORM_S(SEGMENT_PT(p),t)
        = SEGMENT_PT(TRANSFORM_PT(p,t))
```

```
{2} FOR ALL p1, p2, p3 IN pt; t IN transform:
    TRANSFORM_S(SEGMENT_ARC(ARC(p1,p2,p3)),t)
    = SEGMENT_ARC(ARC(TRANSFORM_PT(p1,t),
                      TRANSFORM_PT(p2,t),
                      TRANSFORM_PT(p3,t)))
END OF DEF
```

Mit Hilfe von **segment** kann nun der EDIF–Datentyp **curve** spezifiziert werden.
Ein *curve* in EDIF ist eine Liste, deren Elemente Kreisbögen (*arc*) und Punkte
(*pointValue*) sein können. Punkte untereinander bzw. Punkte und Kreisbögen
sind durch Geradenstücke miteinander zu verbinden. Die Transformation von
Kurvenzügen wird auf die Transformation von Segmenten zurückgeführt.

```
DEF curve IS

{EDIF-Syntax: curve ::= '(' 'curve'
                          (* arc | pointValue *) ')'}


    c_nl_list[data_set] ACTUALIZED BY segment
    USING SORTNAMES
            segment FOR f_data_set
    RENAMED BY
      SORTNAMES
        curve    FOR c_nl_list
      OPNAMES
        MAKE_CU FOR C_MAKE
        RADD_CU FOR C_RADD

    OPNS TRANSFORM_CU : curve transform -> curve

    EQNS
    {1} FOR ALL t IN transform; sl IN curve; s IN segment:
        TRANSFORM_CU(MAKE_CU(s),t)
        = MAKE_CU(TRANSFORM_S(s,t))
    {2} FOR ALL t IN transform; sl IN curve; s IN segment:
        TRANSFORM_CU(RADD_CU(sl,s),t)
        = RADD_CU(TRANSFORM_CU(sl,t),TRANSFORM_S(s,t))
END OF DEF
```

Das *curve*–Konstrukt kann in EDIF innerhalb des *shape*– und des *openShape*–Konstrukts auftreten. Ein *shape* beschreibt einen geschlossenen Kurvenzug, bei dem der erste und der letzte Punkt, sofern sie nicht identisch sind, durch ein Geradenstück miteinander verbunden werden. Ein *openShape* ist ein offener Kurvenzug. Einem *shape* und einem *openShape* wie auch vielen anderen EDIF–Objekten können sogenannte *properties* zugeordnet werden. Diese Möglichkeit bleibt im Rahmen der hier angegebenen Datentyp–Spezifikationen unberücksichtigt.

```
DEF shape IS

{EDIF-Syntax: shape ::= '(' 'shape' curve (*property*) ')'}

    curve

    SORTS shape

    OPNS SHAPE : curve -> shape
END OF DEF

DEF openshape IS

{EDIF-Syntax: openshape ::= '(' 'openshape'
                        curve (*property*) ')' }
    curve

    SORTS openshape

    OPNS OPENSHAPE : curve -> openshape

END OF DEF
```

Der Satz von geometrischen Primitiven wird vervollständigt durch Kreise, Rechtecke, Polygone und Pfade. Kreise und Rechtecke werden jeweils durch zwei Punkte bestimmt, wobei diese beim Kreis den Durchmesser und beim Rechteck eine Diagonale angeben. Rechtecke sind immer achsenparallel ausgerichtet. Polygone und Pfade werden durch Punktlisten definiert, wobei — analog zu *shape* und *openShape* — ein Polygon ein geschlossener und ein Pfad ein offener Linienzug ist.

```
DEF rectangle IS

{EDIF-Syntax: rectangle ::= '(' 'rectangle' pointValue
                            pointValue (*property*) ')'}

    circle RENAMED BY
      SORTNAMES
        rectangle    FOR circle
      OPNAMES
        RECTANGLE    FOR CIRCLE
        RECTANGLEPT1 FOR CIRCLEPT1
        RECTANGLEPT2 FOR CIRCLEPT2
END OF DEF


DEF circle IS

{EDIF-Syntax: circle ::= '(' 'circle' pointValue pointValue
                         (*property*) ')' }

    c_tuple[data_set1'data_set2] ACTUALIZED BY pt
    USING SORTNAMES
            pt FOR f_data_set1
            pt FOR f_data_set2
    RENAMED BY
      SORTNAMES
        circle    FOR c_tuple
      OPNAMES
        CIRCLE    FOR C_TUPLE
        CIRCLEPT1 FOR C_P1
        CIRCLEPT2 FOR C_P2
END OF DEF
```

```
DEF polygon IS

{EDIF-Syntax: polygon ::= '(' 'polygon' pointList
                          (*property*) ')' }
    pointlist

    SORTS polygon

    OPNS POLYGON : pointlist -> polygon

END OF DEF

DEF path IS

{EDIF-Syntax: path ::= '(' 'path' pointList
                       (* property *) ')'}
    pointlist

    SORTS path

    OPNS PATH : pointlist -> path

END OF DEF
```

Damit sind die in EDIF zur Verfügung stehenden geometrischen Elemente spezifiziert, die zur Beschreibung von Masken–Layouts verwendet werden können. In dem Hilfsdatentyp **geo_primitive** sind alle Elemente zusammengefaßt. Durch die Gleichungen 1 bis 8 wird die Transformationsoperation für geometrische Primitive *TRANSFORM_GEP* auf die bereits bekannten Transformationsoperationen für Punkte, Punktlisten, Segmente und Kurvenzüge zurückgeführt.

```
DEF geo_primitive IS path AND polygon AND rectangle AND
                  circle AND shape AND openshape

    SORTS geo_primitive

    OPNS PATH_GEP     : path        -> geo_primitive
         POLYGON_GEP  : polygon     -> geo_primitive
```

```
            RECTANGLE_GEP : rectangle       -> geo_primitive
            CIRCLE_GEP    : circle          -> geo_primitive
            SHAPE_GEP     : shape           -> geo_primitive
            OPENSHAPE_GEP : openshape       -> geo_primitive
            TRANSFORM_GEP : geo_primitive
                            transform       -> geo_primitive


EQNS
{1} FOR ALL pl IN pointlist; t IN transform:
    TRANSFORM_GEP(PATH_GEP(PATH(pl)),t)
    = PATH_GEP(PATH(TRANSFORM_PL(pl,t)))
{2} FOR ALL pl IN pointlist; t IN transform:
    TRANSFORM_GEP(POLYGON_GEP(POLYGON(pl)),t)
    = POLYGON_GEP(POLYGON(TRANSFORM_PL(pl,t)))
{3} FOR ALL p, p' IN pt; t IN transform:
    TRANSFORM_GEP(RECTANGLE_GEP(RECTANGLE(p,p')),t)
    = RECTANGLE_GEP(RECTANGLE(TRANSFORM_PT(p,t),
                              TRANSFORM_PT(p',t)))
{4} FOR ALL p, p' IN pt; t IN transform:
    TRANSFORM_GEP(CIRCLE_GEP(CIRCLE(p,p')),t)
    = CIRCLE_GEP(CIRCLE(TRANSFORM_PT(p,t),
                        TRANSFORM_PT(p',t)))
{5} FOR ALL t IN transform; s IN segment:
    TRANSFORM_GEP(SHAPE_GEP(SHAPE(MAKE_CU(s))),t)
    = SHAPE_GEP(SHAPE(MAKE_CU(TRANSFORM_S(s,t))))
{6} FOR ALL t IN transform; s IN segment; cu IN curve:
    TRANSFORM_GEP(SHAPE_GEP(SHAPE(RADD_CU(cu,s))),t)
    = SHAPE_GEP(SHAPE(RADD_CU(TRANSFORM_CU(cu,t),
                              TRANSFORM_S(s,t))))
{7} FOR ALL t IN transform; s IN segment:
    TRANSFORM_GEP(OPENSHAPE_GEP(OPENSHAPE(MAKE_CU(s))),t)
    = OPENSHAPE_GEP(OPENSHAPE(MAKE_CU(TRANSFORM_S(s,t))))
{8} FOR ALL t IN transform; s IN segment; cu IN curve:
    TRANSFORM_GEP(OPENSHAPE_GEP(OPENSHAPE(RADD_CU(cu,s))),t)
    = OPENSHAPE_GEP(OPENSHAPE(RADD_CU(TRANSFORM_CU(cu,t),
                                      TRANSFORM_S(s,t))))

END OF DEF
```

Die Beschreibung der EDIF–Basisdatentypen ist damit abgeschlossen. Sicherlich wäre es möglich für verschiedene EDIF–Objekte noch weitere Operationen zu spezifizieren bzw. die vorhandenen zu erweitern. So könnte man z.B. für das Polygon eine erzeugende Operation definieren, die prüft, ob die Punktliste mindestens drei Punkte enthält und das Polygon sich nicht selbst überschneidet. Diese beiden Bedingungen müssen für EDIF–Polygone immer erfüllt sein.

6.3 Spezifikation einer operationalen Werkzeugschnittstelle

Das Ziel bei der Schaffung einer integrierten Datenhaltung für VLSI–Entwurfssysteme muß letztlich sein, den Werkzeugen des Entwurfssystems einen Satz von Routinen zur Verfügung zu stellen, mit dem es möglich ist, in der Datenbank gespeicherte Entwurfsobjekte zu manipulieren, ohne daß dem Programmierer des Werkzeugs die Details eines relationalen Schemas bekannt sein müssen. Um einen möglichst vollständigen Satz von Operationen zu bekommen, ist eine sorgfältige Anforderungsanalyse typischer Entwurfswerkzeuge für alle Entwurfsschritte erforderlich.

Für den Layout–Entwurf wurde eine solche Anforderungsanalyse anhand des Layouteditors ICE [Schmidt 1987a,b] durchgeführt. Dabei ergab sich, daß eine operationale Werkzeugschnittstelle für Layout–Werkzeuge den Zugriff auf Layout–Elemente unter Angabe folgender Auswahlkriterien ermöglichen sollte:

- alle Elemente, die innerhalb eines Fensters liegen,

- alle Elemente bis zu einer bestimmten Expansionsebene,

- alle Elemente, die zu einer Maske (layer) gehören,

- alle Elemente eines bestimmten Typs (z.B. *rectangle, polygon*).

Unter Expansionsebene soll hier die Referenztiefe verstanden werden, bis zu der aufgerufene Zellen durch ihren Inhalt ersetzt werden.

Im folgenden soll nun gezeigt werden, wie Operationen dieser Art mit Hilfe der algebraischen Spezifikationstechnik als abstrakte Datentypen exakt spezifiziert werden können. Als Beispiel wollen wir eine Operation spezifizieren, die alle

Layout–Elemente einer Zelle, die zu einer Maske gehören, abliefert. Die Spezifikation soll im Gegensatz zur Vorgehensweise im Abschnitt 6.2 *top–down* erfolgen. Wir werden die Datentypen dabei soweit verfeinern, bis nur noch Operationen auftreten, die in den Basisdatentypen aus Abschnitt 6.2 bereits spezifiziert wurden.

In EDIF werden geometrische Elemente, die zu einer Layout–Maske gehören sollen, in einer sogenannten *figureGroup* zusammengefaßt. In einer *figureGroup*–Klausel werden der Name der *figureGroup* sowie einige Darstellungsattribute festgelegt. Darüberhinaus ist es möglich eine neue *figureGroup* durch Verknüpfung von vorhandenen zu definieren. Für unser Beispiel genügt es zu wissen, daß eine *figureGroup* einen Namen besitzt. Die zu spezifizierende Operation, die wir *PRODUCE_LAYER* nennen wollen, soll also alle geometrischen Elemente liefern, die zu einer *figureGroup* gehören. Sie wird den Namen einer *figureGroup* als Parameter besitzen. Ein weiterer Parameter wird die Zelle sein, deren geometrische Primitive ermittelt werden sollen. Da in einer Zelle Ausprägungen anderer Zellen aus unterschiedlichen Bibliotheken (libraries) gebildet werden können, wird als dritter Parameter eine Liste von EDIF–Libraries benötigt, die die Definitionen der verwendeten Zellen enthalten. In einer Implementierung der Operation *PRODUCE_LAYER* wird man auf diesen Parameter wohl verzichten. Die Liste von Bibliotheken entspricht nämlich im Grunde der Datenbank, d.h. der Gesamtheit der gespeicherten Entwurfsobjekte bzw. einer Teilmenge davon. Da wir aber noch keine Spezifikation der Datenbank selbst haben, ist, um die Operation *PRODUCE_LAYER* vollständig spezifizieren zu können, die Angabe dieses Parameters erforderlich.

Der Datentyp **layer** enthält neben der Operation *PRODUCE_LAYER* noch eine Hilfsoperation *FETCH_LAYER*, die lediglich dazu dient, die Gleichungen für *PRODUCE_LAYER* nicht zu unübersichtlich werden zu lassen. Sie sucht aus einer Liste von *figures* diejenigen mit einem bestimmten *figureGroupName* heraus und liefert die darin enthaltenen geometrischen Primitive in einer Liste (*geo_prim_list*) ab. Eine *figure* ist ein EDIF–Konstrukt, mit dem eine beliebige Anzahl von geometrischen Elementen einer *figureGroup* zugeordnet werden können. Eine Zelle kann beliebig viele solcher *figures* enthalten (vgl. auch Spezifikation des Datentyps **cell**).

```
DEF layer IS
    lib_list


    OPNS FETCH_LAYER   :
            figurelist figuregroupname    -> geo_prim_list
          PRODUCE_LAYER :
            cell figuregroupname lib_list -> geo_prim_list
     EQNS
    {1} FOR ALL n IN figuregroupname:
        FETCH_LAYER(EMPTY_FGL,n) = EMPTY_GPL
    {2} FOR ALL gl      IN geo_prim_list;
                n, n'   IN figuregroupname;


        FETCH_LAYER(RADD_FGL(l,FIGURE(gl,n)),n')
        = ITE_GPL(EQ_FGN(n,n'),
                  CONCAT_GPL(gl,FETCH_LAYER(l,n')),
                  FETCH_LAYER(l,n'))
    {3} FOR ALL fn IN figuregroupname; ll IN lib_list:
        PRODUCE_LAYER(EMPTY_CELL,fn,ll) = EMPTY_GPL
    {4} FOR ALL i    IN interface;
                f    IN figurelist;
                cn   IN cellname;
                fn   IN figuregroupname;
                il   IN instances;
                ll   IN lib_list:
        PRODUCE_LAYER(CELL(i,CONTENTS(EMPTY_IL,f),cn),
                      fn,ll)
        = FETCH_LAYER(f,fn)
    {5} FOR ALL i    IN interface;
                f    IN figurelist;
                cn   IN cellname;
                fn   IN figuregroupname;
                il   IN instances;
                ic   IN instance;
                ll   IN lib_list:
        PRODUCE_LAYER(
            CELL(i,CONTENTS(RADD_IL(il,ic),f),cn),fn,ll)
```

```
     = CONCAT_GPL(
         TRANSFORM_GPL(
           PRODUCE_LAYER(
             GET_CELL(
               P_I_CELLNAME(
                 FRONT_IL(RADD_IL(il,ic))),
               P_I_LIBNAME(
                 FRONT_IL(RADD_IL(il,ic))),
               11),
             fn,
             11),
           P_TRANSFORM(FRONT_IL(RADD_IL(i,ic)))),
         PRODUCE_LAYER(
           CELL(i,CONTENTS(
                   REST_IL(RADD_IL(il,ic)),f),cn),
           fn,11))
END OF DEF
```

Die Wirkungsweise der Operation *FETCH_LAYER* wird in den Gleichungen 1 und 2 beschrieben. Gleichung 1 behandelt den Fall, daß die *figurelist* leer ist (*EMPTY_FGL*). Die abzuliefernde Liste von geometrischen Primitiven ist dann selbstverständlich ebenfalls leer (*EMPTY_GPL*). Das Postfix *_GPL* kennzeichnet Operationen des Datentyps **geo_primlist**, *_FGL* die des Datentyps **figurelist**.

Gleichung 2 behandelt den Fall, daß die *figurelist* nicht leer ist. Für die Fallunterscheidung (*ITE-FGL*), ob eine *figure* aus der Liste den gesuchten Namen referenziert, wird das Prädikat *EQ_FGN* benutzt, das zwei *figuregroupnames* auf Gleichheit prüft. Die Ergebnisliste entsteht als Aneinanderreihung all der *geo_prim_lists* der *figures* mit dem gesuchten Namen.

Die Gleichungen für die Operation *PRODUCE_LAYER* werden am Ende dieses Abschnitts erläutert werden. Zunächst sollen einige Verfeinerungen des Datentyps **layer** besprochen werden.

Der Datentyp **lib_list** definiert die bereits erwähnte Liste von EDIF–Libraries. In ihm werden zwei Zugriffsoperationen spezifiziert. *GET_LIB* holt aus der Liste eine Bibliothek mit einem bestimmten Namen; *GET_CELL* holt eine Zelle mit einem bestimmten Namen aus einer Bibliothek, die ebenfalls durch ihren Namen

referenziert wird. Diese Operationen ergänzen die Operationen des Datentyps
c_nl_list (vgl. Abschnitt 6.2), als dessen Aktualisierung lib_list gebildet wird.

```
DEF lib_list IS
    c_nl_list[data_set]  ACTUALIZED BY edif_lib
    USING SORTNAMES
            edif_lib FOR f_data_set
    RENAMED BY
      SORTNAMES
       lib_list  FOR c_nl_list
      OPNAMES
        MAKE_LL  FOR C_MAKE
        RADD_LL  FOR C_RADD


    OPNS GET_CELL : cellname lib_name lib_list -> cell
         GET_LIB  : lib_name lib_list           -> edif_lib


    EQNS
    {1} FOR ALL ln IN lib_name; l IN edif_lib:
        GET_LIB(ln,MAKE_LL(l))
        = ITE_LIB(EQ_LN(ln,P_LIBNAME(l)),l,EMPTY_LIB)
    {2} FOR ALL ln IN lib_name; l IN edif_lib;
                ll IN lib_list:
        GET_LIB(ln,RADD_LL(ll,l))
        = ITE_LIB(EQ_LN(ln,P_LIBNAME(l)),l,GET_LIB(ln,ll))
    {3} FOR ALL ln IN lib_name; cn IN cellname;
                ll IN lib_list:
        GET_CELL(cn,ln,ll)
        = GET_LIB_CELL(GET_LIB(ln,ll),cn)
    {4} FOR ALL ln IN lib_name:
        EQ_LN(ln,P_LIBNAME(EMPTY_LIB)) = FALSE
    {5} FOR ALL ln IN lib_name:
        EQ_LN(P_LIBNAME(EMPTY_LIB),ln) = FALSE
END OF DEF
```

Nach Gleichung 1 liefert die Operation *GET_LIB* für den Fall, daß die *lib_list*
nur aus einem Element besteht und diese Bibliothek nicht den gesuchten Namen
trägt, die Konstante *EMPTY_LIB* ab. Dadurch kann gekennzeichnet werden,

daß die gesuchte Bibliothek in der Liste nicht enthalten ist. Es handelt sich hier um eine einfache Fehlerbehandlung, die bei einer späteren Implementierung weiter ausgebaut werden müßte.

Da die leere Bibliothek *EMPTY_LIB*, die keinen Namen besitzt, selbst Bestandteil einer *lib_list* sein kann, muß das Prädikat *EQ_LN*, das zwei Bibliotheksnamen auf Gleichheit prüft und im Datentyp **libraryname** eingeführt wird, hier um die Gleichungen 4 und 5 erweitert werden. Dadurch wird der Fall berücksichtigt, daß einer der beiden Operanden *EMPTY_LIB* ist.

In Gleichung 3 wird die Operation *GET_CELL* auf die Operation *GET_LIB* und die Operation *GET_LIB_CELL*, die im Datentyp **edif_lib** spezifiziert wird, zurückgeführt. Der Datentyp **edif_lib** ist das Pendant zum EDIF–Konstrukt *library*. Die sonst gewählte Namensgebung (Datentypname gleich EDIF–Schlüsselwort) konnte hier nicht benutzt werden, da *Library* auch in der Sprache ACT ONE ein Schlüsselwort ist. Mit dem *library*–Konstrukt wird in EDIF eine Bibliothek von Zellen beschrieben; es hat die folgende Syntax:

```
library ::= '(' 'library'
        libraryNameDef
        edifLevel
        technology
        (* <status> | cell | comment | userData *)
        ')'
```

Im Rahmen unserer Datentypspezifikation berücksichtigen wir nur die Teile *libraryNameDef* und *cell*. Demnach besteht ein Objekt der Sorte *edif_lib* aus einem Namen (*lib_name*) und eine Liste von Zellen (*cells*). Neben den aufbauenden Operationen *EMPTY_CELL* und *RADD_CL* für die Zell–Listen *cells* und *EDIF_LIB* für die *edif_lib*–Tupel werden die bereits erwähnte Konstante *EMPTY_LIB* sowie die Operationen *INSERT_LIB*, die eine neue Zelle in die Bibliothek einfügt, und *GET_LIB_CELL*, die eine Zelle mit einem bestimmten Namen aus einer Bibliothek holt, spezifiziert. Außerdem wird auch hier eine Operation für die Fallunterscheidung benötigt: *ITE_LIB* (s. Gleichungen 1 und 2).

```
DEF edif_lib IS
    c_tuple[data_set1'data_set2] ACTUALIZED BY lib_name
                                 AND cells
    USING SORTNAMES
            lib_name FOR f_data_set1
            c_list   FOR f_data_set2
    RENAMED BY
      SORTNAMES
        edif_lib  FOR c_tuple
        cells     FOR c_list
      OPNAMES
        EMPTY_CL   FOR C_EMPTY
        RADD_CL    FOR C_RADD
        P_LIBNAME  FOR C_P1
        P_CELLS    FOR C_P2
        EDIF_LIB   FOR C_TUPLE

    OPNS ITE_LIB      : bool edif_lib edif_lib -> edif_lib
         EMPTY_LIB    :                            -> edif_lib
         INSERT_LIB   : edif_lib cell          -> edif_lib
         GET_LIB_CELL : edif_lib cellname      -> cell

    EQNS
    {1} FOR ALL l, l' IN edif_lib:
        ITE_LIB(TRUE,l,l') = l
    {2} FOR ALL l, l' IN edif_lib:
        ITE_LIB(FALSE,l,l') = l'
    {3} FOR ALL cn IN cellname:
        GET_LIB_CELL(EMPTY_LIB,cn) = EMPTY_CELL
    {4} FOR ALL cn IN cellname; ln IN lib_name:
        GET_LIB_CELL(EDIF_LIB(ln,EMPTY_CL),cn) = EMPTY_CELL
    {5} FOR ALL cn IN cellname;
                c  IN cell;
                cl IN cells;
                ln IN lib_name:
        GET_LIB_CELL(EDIF_LIB(ln,RADD_CL(cl,c)),cn)
        = ITE_C(EQ_CN(P_CELLNAME(c),cn), c,
                GET_LIB_CELL(EDIF_LIB(ln,cl),cn))
```

```
{6} FOR ALL c IN cell; ln IN lib_name:
    INSERT_LIB(EDIF_LIB(ln,EMPTY_CL),c)
    = EDIF_LIB(ln,RADD_CL(EMPTY_CL,c))
{7} FOR ALL cn      IN cellname;
            c, c'   IN cell;
            cl      IN cells;
            ln      IN lib_name:
    INSERT_LIB(EDIF_LIB(ln,RADD_CL(cl,c)),c')
    = ITE_LIB(EQ_CN(P_CELLNAME(c),P_CELLNAME(c')),
            EDIF_LIB(ln,RADD_CL(cl,c)),
            EDIF_LIB(ln,
                    RADD_CL(
                        P_CELLS(
                            INSERT_LIB(
                                EDIF_LIB(ln,cl),c')),
                    c)))

END OF DEF
```

Die Operation *GET_LIB_CELL* liefert, wenn die zu durchsuchende Bibliothek
EMPTY_LIB ist, als Ergebnis *EMPTY_CELL* ab. Hier wird von der gleichen
Technik der Fehlerbehandlung wie im Datentyp **lib_list** Gebrauch gemacht (Gleichung 3). Das gleiche Ergebnis erhält man, wenn die Liste der Zellen der Bibliothek leer ist (Gleichung 4). In Gleichung 5 wird durch rekursive Anwendung der
Operation *GET_LIB_CELL* die Zell–Liste nach der Zelle mit dem gesuchten Namen durchsucht. Wenn die gesuchte Zelle in der Liste enthalten ist, wird diese
als Ergebnis zurückgeliefert. Ist sie nicht enthalten, entsteht durch die rekursive Anwendung der Operation auf die Zell–Liste ohne das am weitesten rechts
stehende Element irgendwann ein Term, der der linken Seite der Gleichung 4
entspricht, so daß in diesem Fall wiederum *EMPTY_CELL* das Ergebnis ist.

Die Operation *INSERT_LIB* fügt eine Zelle nur dann in die Bibliothek ein, wenn
nicht bereits eine Zelle mit gleichem Namen in der Zell–Liste enthalten ist. Für
den Fall, daß die Zell–Liste leer ist, ist das trivial (Gleichung 6). In Gleichung 7
wird wiederum durch rekursiven Abbau der Zell–Liste diese nach einer Zelle mit
gleichem Namen durchsucht. Ist keine solche Zelle vorhanden, entsteht schließlich
ein Term der Form der linken Seite von Gleichung 6 und die neue Zelle wird
eingefügt. Andernfalls bleibt die Bibliothek unverändert.

Der Datentyp **cells** ist eine Aktualisierung des Datentyps **c_list**[**data_set**] mit
dem Datentyp **cell**.


```
DEF cells IS
    c_list data_set  ACTUALIZED BY cell
    USING SORTNAMES
            cell FOR f_data_set
END OF DEF
```

Wie bereits beim Datentyp **edif_lib** werden wir einige Teile des EDIF–Konstrukts *cell* in der Datentypspezifikation weglassen, die für unser Beispiel nicht
wesentlich sind. Hauptbestandteil einer *cell* sind die *views*, wobei jedes *view* im
wesentlichen aus *interface* und *contents* besteht.


```
view ::= '(' 'view'
            viewNameDef
            viewType
            interface
            (* <status> | <contents> | property |
                comment | userData *)
        ')'
```

Elemente der Sorte *cell* werden in der Spezifikation **cell** deshalb als Tripel, bestehend aus den Komponenten *interface, contents* und *cellname* definiert. Neben der
aufbauenden Operation für Zelltripel *CELL* und den drei Projektionsoperationen für die Komponenten *P_INTERFACE, P_CONTENTS* und *P_CELLNAME*
werden als zusätzliche Operationssymbole die Konstante *EMPTY_CELL*, die bereits erwähnt wurde, und für die Fallunterscheidung *ITE_C* (Gleichungen 1 und
2) eingeführt.


```
DEF cell IS c_triple[data_set1'data_set2'data_set3]
        ACTUALIZED BY interface AND contents AND cellname
    USING SORTNAMES
            interface FOR f_data_set1
            contents  FOR f_data_set2
            cellname  FOR f_data_set3
    RENAMED BY
```

```
    SORTNAMES
      cell        FOR c_triple
    OPNAMES
      CELL        FOR C_TRIPLE
      P_INTERFACE FOR C_P1
      P_CONTENTS  FOR C_P2
      P_CELLNAME  FOR C_P3
  OPNS EMPTY_CELL :                      -> cell
       ITE_C      : bool cell cell -> cell
  EQNS
  {1} FOR ALL c, c' IN cell:
          ITE_C(TRUE,c,c') = c
  {2} FOR ALL c, c' IN cell:
         ITE_C(FALSE,c,c') = c'
END OF DEF
```

Elemente der Sorte *contents* können — wiederum unter Vernachlässigung von
Bestandteilen, die für unsere Beispielspezifikation unwesentlich sind — als Tupel
aus einer Liste von Ausprägungen (*instances*) und einer Liste von *figures (figu-
relist)* aufgefaßt werden. Die *contents*–Sektion einer Layout–Zelle (*viewtype =
MASKLAYOUT*) besteht nämlich hauptsächlich aus Ausprägungen von anderen
Layoutzellen und aus zu *figures* zusammengefaßten geometrischen Primitiven.
Entsprechend ist der Datentyp **contents** aufgebaut.

```
DEF contents IS c_tuple[data_set1'data_set2]
            ACTUALIZED BY instances AND figurelist
    USING SORTNAMES
            instances  FOR f_data_set1
            figurelist FOR f_data_set2
    RENAMED BY
    SORTNAMES
      contents      FOR c_tuple
    OPNAMES
      CONTENTS      FOR C_TUPLE
      P_INSTANCES   FOR C_P1
      P_FIGURELIST  FOR C_P2
END OF DEF
```

Eine Liste von Zellausprägungen bezeichnen wir als *instances*. Solche Listen dürfen leer sein und dementsprechend ist der Datentyp **instances** eine Aktualisierung des parametrisierten Datentyps **c_list**[data_set] (s. Abschnitt 6.2) mit dem Datentyp **instance** (s.u.). Um eine Liste von Zellausprägungen elementweise von links abarbeiten zu können, werden zusätzlich zu den Operationen von **c_list** [data_set] die Operationen *FRONT_IL* und *REST_IL* spezifiziert. *FRONT_IL* liefert das am weitesten links stehende Element der Liste, während *REST_IL* genau dieses Element aus der Liste entfernt.

```
DEF instances IS
    c_list[data_set] ACTUALIZED BY instance
    USING SORTNAMES
            instance FOR f_data_set
    RENAMED BY
      SORTNAMES
        instances FOR c_list
      OPNAMES
        EMPTY_IL   FOR C_EMPTY
        RADD_IL    FOR C_RADD


    OPNS FRONT_IL : instances -> instance
         REST_IL  : instances -> instances


    EQNS
    {1} FOR ALL i, i' IN instance; il IN instances:
        FRONT_IL(RADD_IL(EMPTY_IL,i)) = i
    {2} FOR ALL i, i' IN instance; il IN instances:
        FRONT_IL(RADD_IL(RADD_IL(il,i),i'))
        = FRONT_IL(RADD_IL(il,i))
    {3} FOR ALL i, i' IN instance; il IN instances:
        REST_IL(RADD_IL(EMPTY_IL,i)) = EMPTY_IL
    {4} FOR ALL i, i' IN instance; il IN instances:
        REST_IL(RADD_IL(RADD_IL(il,i),i'))
        = RADD_IL(REST_IL(RADD_IL(il,i)),i')
END OF DEF
```

Die Gleichungen 1 und 2 bzw. 3 und 4 behandeln für die beiden Operationen jeweils die Fälle, daß die Liste der Ausprägungen ein Element bzw. mehr als ein

Element enthält. Der Fall, daß die Liste leer ist, wird hier nicht berücksichtigt. Das ist nur zulässig, wenn sichergestellt ist, daß die Operationen niemals mit der leeren Liste aufgerufen werden. In der vorliegenden Spezifikation werden die Operationen *REST_IL* und *FRONT_IL* nur innerhalb des Datentyps **layer** verwendet, und dort sind entsprechende Vorkehrungen getroffen. Wir werden darauf bei der Besprechung der Operation *PRODUCE_LAYER* noch zurückkommen.

Der Datentyp **instance** stellt wiederum eine Vereinfachung gegenüber dem entsprechenden EDIF–Konstrukt *instance* dar, dessen vollständige Syntax im folgenden wiedergegeben ist:

```
instance ::= '(' 'instance'
          instanceNameDef
          ( viewRef | viewList)
          (* <transform>   | parameterAssign |
             portInstance | <designator>     |
             timing        | property        |
              comment      | userData *)        ')'
```

Hier genügt es, Ausprägungen als 4–Tupel aus Name der Ausprägung (*instancename*), Zellname (*cellname*), Bibliotheksname (*lib_name*) und Transformation (*transform*) zu spezifizieren. Der Name der Ausprägung dient dazu, dem Exemplar der Zelle selbst einen Namen zu geben, während durch das Paar (*cellname, lib_name*) die Zelldefinition referenziert wird. Die Angabe des Bibliotheksnamens ist notwendig, weil in EDIF Zellnamen nur innerhalb einer Bibliothek eindeutig sein müssen. Diese Art der Zellreferenzierung verbirgt sich in der EDIF–Syntax hinter dem Symbol *viewRef*. Der Parameterdatentyp **transform** entspricht dem im Abschnitt 6.2 angegebenen. Die zu einer Ausprägung gehörende Transformation wirkt sich auf alle Bestandteile der referenzierten Zelle aus, d.h. sowohl auf deren geometrische Objekte als auch auf deren Zellausprägungen.

```
DEF instance IS
    c_4_tuple[d_s1'd_s2'd_s3'd_s4]
    ACTUALIZED BY instancename AND cellname
                            AND lib_name AND transform
    USING SORTNAMES
          instancename FOR f_s1
```

```
              cellname      FOR f_s2
              lib_name      FOR f_s3
              transform     FOR f_s4
      RENAMED BY
        SORTNAMES
          instance FOR c_4_tuple
        OPNAMES
          INSTANCE        FOR C_4_TUPLE
          P_INSTANCENAME  FOR C_P1
          P_I_CELLNAME    FOR C_P2
          P_I_LIBNAME     FOR C_P3
          P_TRANSFORM     FOR C_P4
  END OF DEF
```

Da wir die Schnittstellen (*interface*) von Zellen in unserem Beispiel nicht benöti-
gen, spielt der im folgenden angegebene Datentyp **interface** nur die Rolle eines
Platzhalters, der benötigt wird, weil oben das *interface* als Bestandteil einer *cell*
definiert wurde.

```
DEF interface IS

    SORTS interface

    OPNS E_I :  -> interface

END OF DEF
```

Bei den drei folgenden Spezifikationen handelt es sich um die Datentypen für
Namen von Bibliotheken, Zellen und Zellausprägungen. Sie werden alle durch
Umbenennung der Sorten und Operationssymbole des weiter unten wiedergege-
benen Datentyps **name** gebildet.

```
DEF lib_name IS
   name RENAMED BY
     SORTNAMES
        lib_name FOR name
     OPNAMES
        MAKE_LN   FOR MAKE_N
        RADD_LN   FOR RADD_N
        EQ_LN     FOR EQ_N
END OF DEF


DEF cellname IS
   name RENAMED BY
     SORTNAMES
        cellname FOR name
     OPNAMES
        MAKE_CN   FOR MAKE_N
        RADD_CN   FOR RADD_N
        EQ_CN     FOR EQ_N
END OF DEF


DEF instancename IS
   name RENAMED BY
     SORTNAMES
        instancename FOR name
     OPNAMES
        MAKE_IN    FOR MAKE_N
        RADD_IN    FOR RADD_N
        EQ_IN      FOR EQ_N
END OF DEF
```

Ohne weitere Erläuterungen kommt auch die Spezifikation **figurelist** als Liste von *figures* aus.


```
DEF figurelist IS
   c_list data_set  ACTUALIZED BY figure
   USING SORTNAMES
           figure FOR f_data_set
   RENAMED BY
```

```
      SORTNAMES
        figurelist FOR c_list
      OPNAMES
        EMPTY_FGL   FOR C_EMPTY
        RADD_FGL    FOR C_RADD
  END OF DEF
```

Der Datentyp **figure** ist die Spezifikation des zu Beginn dieses Abschnitts besprochenen EDIF–Konstrukts *figure* mit der folgenden Syntax:

```
figure ::= '(' 'figure'
                (figureGroupNameRef | figureGroupOverride)
                { circle  | dot        | openShape | path |
                  polygon | rectangle  | shape     |
                  comment |userData }
            ')'
```

Mit dem *figureGroupOverride*–Konstrukt können in einer *figure* die in der Spezifikation der *figureGroup* angegebenen Darstellungsattribute überschrieben werden. Dies wird in der Datentypspezifikation nicht berücksichtigt. Mit dieser Einschränkung läßt sich eine *figure* als Tupel, bestehend aus einem *figureGroupName* und einer Liste von geometrischen Primitiven (*geo_prim_list*) darstellen.

```
  DEF figure IS
      c_tuple data_set1'data_set2
      ACTUALIZED BY geo_prim_list AND figuregroupname
      USING SORTNAMES
              geo_prim_list    FOR f_data_set1
              figuregroupname FOR f_data_set2
      RENAMED BY
        SORTNAMES
          figure            FOR c_tuple
        OPNAMES
          FIGURE            FOR C_TUPLE
          GEO_PRIM_LIST     FOR C_P1
          FIGUREGROUPNAME FOR C_P2
  END OF DEF
```

Der Datentyp **geo_prim_list** ist eine Aktualisierung von **c_list[data_set]** mit dem Datentyp **geo_primitive** aus Abschnitt 6.2:

```
DEF geo_prim_list IS
    c_list[data_set] ACTUALIZED BY geo_primitive
    USING SORTNAMES
            geo_primitive FOR f_data_set
    RENAMED BY
      SORTNAMES
        geo_prim_list FOR c_list
      OPNAMES
        EMPTY_GPL       FOR C_EMPTY
        RADD_GPL        FOR C_RADD
    OPNS TRANSFORM_GPL
        : geo_prim_list transform     -> geo_prim_list
        CONCAT_GPL
        : geo_prim_list geo_prim_list -> geo_prim_list
        ITE_GPL
        : bool geo_prim_list
              geo_prim_list           -> geo_prim_list
        FRONT_GPL
        : geo_prim_list               -> geo_primitive
        REST_GPL
        : geo_prim_list               -> geo_prim_list
    EQNS
    {1} FOR ALL gl IN geo_prim_list:
        CONCAT_GPL(EMPTY_GPL,gl) = gl
    {2} FOR ALL gl IN geo_prim_list:
        CONCAT_GPL(gl,EMPTY_GPL) = gl
    {3} FOR ALL gl, gl' IN geo_prim_list:
        CONCAT_GPL(gl,gl')
        = CONCAT_GPL(RADD_GPL(gl,FRONT_GPL(gl')),
                    REST_GPL(gl'))
    {4} FOR ALL i, i' IN geo_primitive;
                  gl IN geo_prim_list:
        FRONT_GPL(RADD_GPL(EMPTY_GPL,i)) = i
    {5} FOR ALL i, i' IN geo_primitive;
                  gl IN geo_prim_list:
```

```
      FRONT_GPL(RADD_GPL(RADD_GPL(gl,i),i'))
      = FRONT_GPL(RADD_GPL(gl,i))
  {6} FOR ALL i, i' IN geo_primitive;
               gl IN geo_prim_list:
      REST_GPL(RADD_GPL(EMPTY_GPL,i)) = EMPTY_GPL
  {7} FOR ALL i, i' IN geo_primitive;
               gl IN geo_prim_list:
      REST_GPL(RADD_GPL(RADD_GPL(gl,i),i'))
      = RADD_GPL(REST_GPL(RADD_GPL(gl,i)),i')
  {8} FOR ALL t IN transform:
      TRANSFORM_GPL(EMPTY_GPL,t) = EMPTY_GPL
  {9} FOR ALL g   IN geo_primitive;
              gl  IN geo_prim_list;
              t   IN transform:
      TRANSFORM_GPL(RADD_GPL(gl,g),t)
      = RADD_GPL(TRANSFORM_GPL(gl,t),TRANSFORM_GEP(g,t))
 {10} FOR ALL l, l' IN geo_prim_list:
      ITE_GPL(TRUE,l,l') = l
 {11} FOR ALL l, l' IN geo_prim_list:
      ITE_GPL(FALSE,l,l') = l'
END OF DEF
```

Zusätzlich zu den aufbauenden Operationen des Datentyps **c_list [data-set]**
RADD_GPL und *EMPTY_GPL* werden eine Operation für die Anwendung einer Transformation auf eine Liste von geometrischen Primitiven (*TRANSFORM _GPL*), eine Operation für die Konkatenation von *geo_prim_lists* (*CONCAT_ GPL*) und eine Operation für die Fallunterscheidung (*ITE_GPL*) benötigt. Die Operationen *FRONT_GPL* und *REST_GPL* werden lediglich als Hilfsoperationen gebraucht, um **geo_prim_list**-Terme, die die Operation *CONCAT_GPL* enthalten, in solche ohne diese Operation nur mit *RADD_GPL* und *EMPTY_GPL* umzuwandeln. Ließe man dagegen die Operation *CONCAT_GPL* ebenfalls als **geo_prim_list**-Terme aufbauende Operation zu, könnte man die Operationen *FRONT_GPL* und *REST_GPL* nebst den dazugehörigen Gleichungen einsparen. Allerdings müßte dann das Auftreten von *CONCAT_GPL* in den Termen anderer Operationen, wie z.B. *TRANSFORM_GPL*, berücksichtigt werden, was wiederum zusätzliche Gleichungen erforderlich machte.

Die Wirkung der Operationen *FRONT_GPL* und *REST_GPL* wird durch die

Gleichungen 4 bis 7 beschrieben. Sie entsprechen genau den Gleichungen der Operationen *FRONT_IL* und *RADD_IL* der Spezifikation **instances** (s.o.).

Die Gleichungen 1 und 2 decken den trivialen Fall ab, daß einer der Operanden der Operation *CONCAT_GPL* die leere Liste *EMPTY_GPL* ist. Durch die rechte Seite von Gleichung 4 wird ein Term mit *CONCAT_GPL* in einen Term umgeformt, der nur die aufbauenden Operationen *RADD_GPL* und *EMPTY_GPL* enthält.

Die zwei folgenden Datentypen vervollständigen unsere Beispielspezifikation. Der Datentyp **figuregroupname** entsteht wieder durch Umbenennung aus **name**.

```
DEF figuregroupname IS
    name RENAMED BY
      SORTNAMES
        figuregroupname FOR name
      OPNAMES
        MAKE_FGN        FOR MAKE_N
        RADD_FGN        FOR RADD_N
        EQ_FGN          FOR EQ_N
END OF DEF
```

Der Datentyp **name** selbst ist eine Erweiterung der Spezifikation **edif_name_char**, der im Anhang wiedergegeben ist, um den Datentyp **bool** und das Gleichheitsprädikat *EQ_N*.

```
DEF name IS
    c_nl_list[data_set] ACTUALIZED BY edif_name_char
    USING SORTNAMES
          edif_name_char_set FOR f_data_set
    RENAMED BY
      SORTNAMES
        name    FOR c_nl_list
      OPNAMES
        MAKE_N FOR C_MAKE
        RADD_N FOR C_RADD
    AND bool
```

```
OPNS EQ_N : name name -> bool

EQNS
{1} FOR ALL n, n' IN name; c, c' IN edif_name_char_set:
    EQ_N(MAKE_N(c),MAKE_N(c')) = EQ_C(c,c')
{2} FOR ALL n, n' IN name; c, c' IN edif_name_char_set:
    EQ_N(RADD_N(n,c),MAKE_N(c')) = FALSE
{3} FOR ALL n, n' IN name; c, c' IN edif_name_char_set:
    EQ_N(MAKE_N(c),RADD_N(n,c')) = FALSE
{4} FOR ALL n, n' IN name; c, c' IN edif_name_char_set:
    EQ_N(RADD_N(n,c),RADD_N(n',c'))
    = UND(EQ_C(c,c'),EQ_N(n,n'))
END OF DEF
```

Kommen wir nun auf den Ausgangspunkt unserer Betrachtung zurück, nämlich
der Behandlung der Spezifikation **layer** mit der Operation *PRODUCE_LAYER*.

Für die Definition der Wirkung von *PRODUCE_LAYER* werden drei Gleichungen benötigt. Gleichung 3 in **layer** deckt den Fall ab, daß die Zelle, deren geometrische Primitive extrahiert werden sollen, die leere Zelle *EMPTY_CEL* ist. Das
Ergebnis ist dann eine leere Liste von geometrischen Primitiven (*EMPTY_GPL*).
EMPTY_CEL wurde für die Fehlerbehandlung eingeführt, wenn z.B. eine Zelle
in der angegebenen Bibliothek nicht gefunden wurde. Gleichung 4 behandelt
den Fall, daß die Zelle keine Zellausprägungen (*EMPTY_IL*) enthält. In diesem Fall braucht mit Hilfe der Operation *FETCH_LAYER* nur die *figurelist* der
Zelle nach den *figures* mit dem gewünschten *figureGroupName* durchsucht und
deren geometrischen Primitive extrahiert zu werden. Schließlich wird in Gleichung 5 der Fall berücksichtigt, daß in der betrachteten Zelle Ausprägungen
weiterer Zellen plaziert werden. Zur Extraktion der geometrischen Primitive
aus den plazierten Zellexemplaren muß einerseits die Liste der Zellexemplare
abgearbeitet und andererseits die Aufrufhierarchie der Zellexemplare verfolgt
werden. Mit dem ersten rekursiven Aufruf werden die geometrischen Primitive
der ersten Zellausprägung der Liste extrahiert und mit der zugehörigen Transformation versehen. Durch den zweiten rekursiven Aufruf werden die restlichen
Elemente der Liste der Zellausprägungen bearbeitet. Die Konkatenation dieser beiden Rekursionen ist dann die Ergebnisliste von geometrischen Primitiven.
Für den ersten rekursiven Aufruf von *PRODUCE_LAYER* wird die erste Ausprägung aus der Liste der Zellausprägungen extrahiert (Aufruf von *FRONT_IL*)

und mit Hilfe des zu dieser Ausprägung gehörenden Zellnamens und des Bibliotheksnamens (*P_I_CELLNAME, P_I_LIB_NAME*) aus der Liste der Bibliotheken mit GET_CELL die zugehörige Zelle geholt. Mit *P_TRANSFORM* wird die zur ersten Ausprägung gehörende Transformation bestimmt und durch die umschließende Operation *TRANSFORM_GPL* auf die von *PRODUCE_LAYER* gelieferte Liste von geometrischen Primitiven angewendet.

Die Datentypen aus diesem und dem vorigen Abschnitt sowie den Anhängen A, B und C ergeben zusammen einen vollständigen ACT ONE–Text. Das heißt insbesondere, daß die Operation der Werkzeugschnittstelle *PRODUCE_LAYER* damit vollständig spezifiziert ist. Dadurch konnte gezeigt werden, daß die Methode der algebraischen Spezifikation von abstrakten Datentypen auf ein nichttriviales Beispiel angewendet werden kann und aufgrund der Interpretierbarkeit der Terme der Spezifikation auch ein Prototyp des Systems zur Verfügung steht.

Da durch die algebraische Spezifikation keinerlei Festlegungen bezüglich der Datenrepräsentation getroffen wird — auch der Interpreter wendet nur Gleichungen auf Terme an —, ist gezeigt, daß Operationen einer Werkzeugschnittstelle top-down auch ohne Kenntnis eines eventuell zugrundeliegenden Datenbanksystems bzw. Datenmodells entworfen werden können. Auf das Problem, eine solche Spezifikation in eine effiziente Implementierung zu überführen, wird in Abschnitt 6.4 eingegangen.

Zum Abschluß soll noch das Ergebnis der Interpretation eines Beispielterms mit der Operation *PRODUCE_LAYER* durch den ACT ONE–Interpreter gezeigt werden. Die Operation soll auf den folgenden cell–Term angewendet werden:

```
CELL(E_I,
     CONTENTS(RADD_IL(RADD_IL(EMPTY_IL,
                              INSTANCE(RADD_IN(MAKE_IN(I),
                                       ONE),
                              RADD_CN(MAKE_CN(C),
                                       ONE),
                              RADD_LN(MAKE_LN(L),
                                       ONE),
                              TRANSFORM(
                              FRACTION(SUCC(O),
                                       SUCC(O))),
```

```
                                FRACTION(SUCC(O),
                                         SUCC(O)),
                                MAKE_PTL(PT(O,O)),
                                R90,
                                PT(O,O)))),
            INSTANCE(RADD_IN(MAKE_IN(I),TWO),
                     RADD_CN(MAKE_CN(C),TWO),
                     RADD_LN(MAKE_LN(L),TWO),
                     TRANSFORM(FRACTION(SUCC(O),
                                        SUCC(O)),
                               FRACTION(SUCC(O),
                                        SUCC(O)),
                               MAKE_PTL(PT(O,O)),
                               R90,
                               PT(O,O)))),
      RADD_FGL(EMPTY_FGL,
               FIGURE(
                 RADD_GPL(EMPTY_GPL,
                          CIRCLE_GEP(
                            CIRCLE(
                              PT(SUCC(O),
                                 SUCC(SUCC(O))),
                              PT(SUCC(SUCC(O)),
                                 SUCC(SUCC(O))))
                            )),
                 RADD_FGN(MAKE_FGN(M),A)))),
   RADD_CN(MAKE_CN(C),THREE))
```

In "Klartext" übersetzt handelt es sich bei dieser Zelle um eine mit dem Namen
"C3". Der *Contents*-Teil enthält eine Liste mit zwei Ausprägungen. Die erste
mit dem Namen "T1" referenziert die Zelle mit dem Namen "C1" aus der Bibliothek "L1". Die Transformation ist eine Drehung um 90°. Die Ausprägung "I2"
referenziert Zelle "C2" aus der Bibliothek "L2" und der gleichen Transformation.
Die *figurelist* des *contents*-Teils der Zelle "C3" enthält eine *figure* mit dem *figureGroupName* "MA" und einem Kreis in der Liste der geometrischen Primitive.
Der zweite Parameter von *PRODUCE_LAYER* soll der *figureGroupName* "MA"
sein:

```
RADD_FGN(MAKE_FGN(M),A)
```

Der dritte Parameter soll eine *lib_list* mit den Bibliotheken "L1" und "L2" sein.

Bibliothek "L1":

```
EDIF_LIB(RADD_LN(MAKE_LN(L),ONE),
         RADD_CL(EMPTY_CL,
                 CELL(E_I,
                      CONTENTS(
                          EMPTY_IL,
                          RADD_FGL(
                              EMPTY_FGL,
                              FIGURE(
                                  RADD_GPL(
                                      EMPTY_GPL,
                                      CIRCLE_GEP(
                                          CIRCLE(
                                            PT(SUCC(O),
                                               SUCC(SUCC(O))),
                                            PT(SUCC(SUCC(O)),
                                               SUCC(SUCC(O))))
                                          )),
                              RADD_FGN(MAKE_FGN(M),A)))),
                 RADD_CN(MAKE_CN(C),ONE))))
```

Die Zell-Liste der Bibliothek "L1" besteht nur aus der Zelle "C1", die in ihrem *contents*-Teil eine *figure* mit dem Namen "MA" enthält, die wiederum einen Kreis beinhaltet. Die Zelle "C1" enthält keine Ausprägungen.

Bibliothek "L2":

```
EDIF_LIB(RADD_LN(MAKE_LN(L),TWO),
         RADD_CL(
             EMPTY_CL,
             CELL(E_I,
                  CONTENTS(
                      RADD_IL(
                          EMPTY_IL,
                          INSTANCE(
```

```
                        RADD_IN(MAKE_IN(I),ONE),
                        RADD_CN(MAKE_CN(C),ONE),
                        RADD_LN(MAKE_LN(L),ONE),
                        TRANSFORM(
                            FRACTION(SUCC(O),SUCC(O)),
                            FRACTION(SUCC(O),SUCC(O)),
                            MAKE_PTL(PT(O,O)),
                            R90,
                            PT(O,O)))),
                RADD_FGL(
                    EMPTY_FGL,
                    FIGURE(
                        RADD_GPL(
                            EMPTY_GPL,
                            CIRCLE_GEP(
                                CIRCLE(PT(SUCC(O),
                                        SUCC(SUCC(O))),
                                       PT(SUCC(SUCC(O)),
                                        SUCC(SUCC(O))))
                                )),
                        RADD_FGN(MAKE_FGN(M),A)))),
                RADD_CN(MAKE_CN(C),TWO))))
```

Die Bibliothek "L2" enthält als einzige Zelle "C2". Diese referenziert Zelle "C1"
aus der Bibliothek "L1" mit einer Drehung um 90°. Die *figurelist* des *contents*–
Teils von "C2" ist mit der von "C1" identisch. Nehmen wir für die obigen Terme
folgende Namen als Stellvertreter:

    cel3 für die Zelle "C3",

    ma für den *figureGroupName* "MA",

    el1 für die Bibliothek "L1" und

    el2 für die Bibliothek "L2"

Dann liefert der Term
```
 PRODUCE_LAYER(cel3,ma,RADD_LL(MAKE_LL(el1),el2))
```

das Ergebnis:

```
RADD_GPL(
   RADD_GPL(
      RADD_GPL(
         RADD_GPL(
            EMPTY_GPL,
            CIRCLE_GEP(
               CIRCLE(PT(PRED(PRED(O)),SUCC(O)),
                      PT(PRED(PRED(O)),SUCC(SUCC(O)))))),
         CIRCLE_GEP(
            CIRCLE(PT(PRED(O),PRED(PRED(O))),
                   PT(PRED(PRED(O)),PRED(PRED(O)))))),
      CIRCLE_GEP(CIRCLE(PT(PRED(PRED(O)),SUCC(O)),
                        PT(PRED(PRED(O)),SUCC(SUCC(O)))))),
   CIRCLE_GEP(CIRCLE(PT(SUCC(O),SUCC(SUCC(O))),
                     PT(SUCC(SUCC(O)),SUCC(SUCC(O))))))
```

Dies ist eine Liste von geometrischen Primitiven mit vier Kreisen, die mit den
bei der Bildung der Ausprägungen von "C2" und "C1" angegebenen Transformationen versehen sind.

Damit ist die Beschreibung der Verarbeitung des Beispielterms durch den ACT
ONE–Interpreter abgeschlossen. Das Ergebnis zeigt, daß auf diese Weise der
Test einer algebraischen Spezifikation möglich ist, ohne daß eine konkrete Imple-
mentierung vorgenommen werden muß.

6.4 Probleme der Implementierung einer Werkzeugschnittstelle

Mit der algebraischen Spezifikation einer operationalen Werkzeugschnittstelle
ist das Problem, diese auch effizient zu implementieren, natürlich noch nicht
gelöst. Ein wichtiger Vorteil der abstrakten Spezifikation ist ja gerade, daß sie
unabhängig von der Implementierung ist. Die Implementierung eines komplexen
Softwaresystems erfolgt gewöhnlich durch schrittweise Verfeinerung über mehrere Zwischenstufen bis man bei einer Sprachebene angelangt ist, die direkt auf
einem Rechner ausführbar ist.

Solche Implementierungen durch schrittweise Verfeinerung können ebenfalls algebraisch spezifiziert werden [Kreowksi 1981]. Eine algebraische Implementierung ist der Übergang von einer abstrakten Spezifikationsebene zu einer konkreteren. Auf diese Weise erhält man eine Folge von algebraisch spezifizierten Sprachebenen, deren Abstraktionsgrad immer geringer wird.

Bei der Implementierung einer Spezifikation muß davon ausgegangen werden, daß auf der Implementierungsebene andere Sorten verwendet werden sollen als in der abstrakteren Spezifikation. Es werden daher in der Implementierung sogenannte Sorten implementierende Operationen benötigt, durch die die Sorten der Implementierung an die der Spezifikation angepaßt werden. Außerdem sind sogenannte Operationen implementierende Gleichungen erforderlich, um die Operationen der Spezifikation über den angepaßten Sorten der Implementierung zu definieren.

Um einen Implementierungsschritt zu erleichtern, kann es sinnvoll sein zusätzliche Sorten und Operation zu definieren, die, da sie auf der abstrakteren Ebene nicht sichtbar sind bzw. sein sollen, als versteckte Sorten bzw. versteckte Operationen bezeichnet werden.

Da im Rahmen dieses Buches die algebraische Implementierung nicht näher ausgeführt wird, sei hier auf die Angaben syntaktischer Details verzichtet.

Semantisch ist eine Implementierung dann korrekt, wenn Berechnungen der abstrakten Spezifikation, d.h. deren zusammengesetzte Operationsaufrufe, auf Berechnungen der Implementierung zurückgeführt werden können. In [Ehrig u.a. 1979] wird detailliert ausgeführt, welche Bedingungen erfüllt sein müssen, damit eine Spezifikation S_1 eine korrekte Implementierung einer Spezifikation S_0 ist.

Durch die Anwendung der Technik der algebraischen Implementierung wäre es z.B. möglich, die Spezifikation der Werkzeugschnittstelle soweit zu verfeinern, bis die Sorten und Operationen Datentypen und Operationen einer höheren Programmiersprache entsprechen. Auf diese Weise erhielte man ein vollständig "ausprogrammiertes" System für die Entwurfsdatenhaltung.

Alle Anforderungen an ein Datenhaltungssystem, wie sie in Kapitel 3 aufgeführt wurden, sind damit allerdings keineswegs automatisch erfüllt. So müßte z.B. die Mehrbenutzerfähigkeit eines solchen Systems auch erst semantisch spezifiziert und implementiert werden. Da aber eine Reihe der Datenhaltungsprobleme, wie sie in Entwurfssystemen auftreten, bereits als durch herkömmliche Datenbanksysteme gelöst angesehen werden können, erscheint die oben erläuterte Vorgehensweise der Implementierung der Werkzeugschnittstelle bezüglich der Zielebene (höhere Programmiersprache) als nicht sinnvoll.

Die Abbildung der Werkzeugschnittstelle auf eine existierende Datenbankschnittstelle brächte hingegen den Vorteil, daß die Leistungen des darunterliegenden Datenbanksystems automatisch in das Gesamtsystem mit einbezogen würden.

Für diese Vorgehensweise ergäben sich nun wieder zwei Möglichkeiten: Entweder man verwendet die Schnittstelle eines konventionellen oder die eines an die Erfordernisse des VLSI–Entwurfs angepaßten Datenmodells der Art, wie sie in den Kapiteln 4 und 5 diskutiert worden sind. Abgesehen davon, daß auf diesen erweiterten Datenmodellen basierende Systeme in der Regel nicht zur Verfügung stehen, brächte die Abbildung der Werkzeugschnittstelle in einer ersten Implementierung auf eine herkömmliche relationale Datenbankschnittstelle einen weiteren Vorteil. Durch die Analyse der bei dem Abbildungsvorgang entstehenden Zwischenebenen erhielte man Aussagen darüber, welche Funktionalität auf diesen Zwischenebenen benötigt wird. Durch den Top–down–Entwurf wären diese Aussagen geprägt von den Erfordernissen der Werkzeuge. Daraus ließe sich dann ableiten, welche Erweiterungen der Funktionalität und der Datenmodellierbarkeit herkömmlicher Datenbanksysteme sinnvoll wären.

Die zuletzt skizzierte Vorgehensweise bei der Implementierung der Werkzeugschnittstelle wird dadurch erleichtert, daß die Datenmanipulationsschnittstelle des relationalen Modells, die Relationenalgebra, formal definiert ist und sie sich daher ebenfalls algebraisch spezifizieren läßt. Die Sorten der Werkzeugschnittstelle würden dabei auf die Relationen bzw. Tupel eines relationalen Schemas, sowie die vom Datenbanksystem zur Verfügung gestellten Basisdatentypen abgebildet. Die Operationen würden letztlich durch die Relationenalgebra implementiert.

Die algebraische Spezifikation einer relationalen Datenbank wurde z.B. an der TU Berlin von Studenten im Rahmen eines Praktikums durchgeführt. Interessante Aspekte dieses Problems werden auch in [Ehrig u.a. 1978] behandelt.

7 Neuere Entwicklungen und Tendenzen

Um einen Ausblick über mögliche Entwicklungen auf dem in diesem Buch behandelten Gebieten der Datenhaltung und der Werkzeugintegration in VLSI-Entwurfssystemen geben zu können, soll die Betrachtung im folgenden in zweierlei Hinsicht verallgemeinert werden. Zum einen soll aufgezeigt werden, daß für die Integration von Werkzeugen in ein CAD–System nicht nur die Schnittstelle zur Datenhaltung von Bedeutung ist. Zum anderen soll über Entwicklungen von Datenhaltungssystemen für verschiedene CAD–Anwendungen berichtet werden.

7.1 CAD–Infrastrukturen

In jüngerer Zeit hat sich für die Problematik der Werkzeugintegration die folgende Terminologie eingebürgert: Unter einer CAD–Infrastruktur (CAD Framework) versteht man die anwendungsunabhängigen Komponenten eines CAD–Systems, die durch Hinzufügen von Werkzeugen zu einer CAD–Umgebung (CAD Environment) ergänzt werden können. Zu den wichtigsten Komponenten einer CAD–Infrastruktur zählen

- die Benutzungsoberfläche,
- das Datenhaltungssystem,
- die Entwurfsverwaltung.

Die hauptsächlichen Ziele, die mit der Entwicklung einer CAD–Infrastruktur erreicht werden sollen, sind

- eine einheitliche Benutzungsoberfläche für den Anwender,
- die einfache Integration von Werkzeugen aufgrund standardisierter Schnittstellen,
- Sicherung der Konsistenz der Daten,
- Unterstützung von Entwerfergruppen.

Eine mögliche Architektur eines nach diesen Prinzipien konstruierten CAD–Systems ist in Bild 7.1 dargestellt. Mit dem im unteren Teil des Bildes gezeigten Datenhaltungssystem zusammen mit der Zugriffsschnittstelle für die Werkzeuge haben wir uns in diesem Buch (für den Anwendungsfall VLSI–Entwurf) ausführlich auseinandergesetzt.

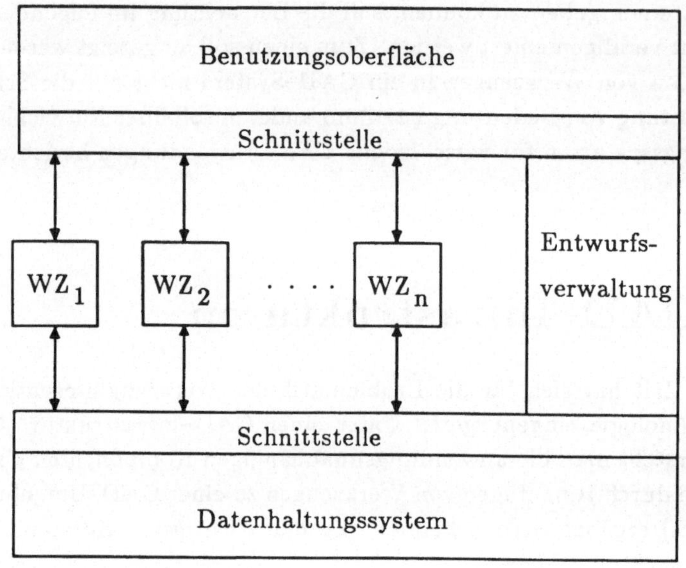

Bild 7.1: Komponenten einer CAD–Umgebung

Eine ähnliche Architektur wird z.B. in [Gottheil u.a. 1988] beschrieben.

Für ein integriertes CAD–System wird aber heute auch eine einheitliche Benutzungsoberfläche als notwendig erachtet. Das System soll dem Benutzer eine vom einzelnen Werkzeug so weit wie mögliche unabhängige Dialogschnittstelle anbieten. Aus der Sicht der Werkzeuge steht eine standardisierte Schnittstelle zur Verfügung, über die sie an die Benutzungsoberfläche angepaßt werden können.

Durch die Komponente *Entwurfsverwaltung* soll z.B. einem Projektleiter die Möglichkeit gegeben werden, Regeln, die beim Entwurfsprozeß eingehalten werden müssen, zu definieren und deren Einhaltung durch die am Entwurf beteiligten Mitarbeiter zu überwachen. So könnte z.B. festgelegt werden, daß vor dem Übergang von einem Entwurfsschritt zum nächsten bestimmte Prüfprogramme zu starten sind.

Es gibt inzwischen sowohl auf nationaler als auch auf internationaler Ebene verschiedene Gruppen und Projekte, die sich auf dem Gebiet der CAD–Infrastrukturen betätigen. Seit Oktober 1989 existiert z.B. eine gemeinsame Fachgruppe der Informationstechnischen Gesellschaft (ITG) und der Gesellschaft für Informatik (GI) mit dem Titel *CAD–Umgebungen für den Entwurf integrierter Schaltungen und Systeme*. Das bereits erwähnte Projekt *DASSY* (Datentransfer und Schnittstellen für offene, integrierte VLSI–Entwurfssysteme) [Wilkes 1989] hat die Entwicklung einer operationalen Werkzeugschnittstelle für die Integration der Werkzeuge über eine gemeinsame Datenhaltung zum Ziel.

Eine internationale Kooperation von Halbleiter– und Elektronikfirmen, CAD–Systemhäusern sowie Forschungsinstituten mit dem Namen *CAD Framework Initiative* (CFI) verfolgt die Entwicklung von standardisierten Komponenten eines CAD–Frameworks. Auf europäischer Ebene wird ein ähnliches Ziel in dem JESSI–Projekt *JESSI CAD Frame* angestrebt.

Gemeinsames Ziel all dieser Bemühungen ist die Schaffung von offenen integrierten CAD–Systemen, bei denen alle für die Integration von Werkzeugen notwendigen Schnittstellen frei zugänglich sind.

7.2 Anwendungsunabhängige CAD–Datenhaltungssysteme

Ähnlich wie in der Frage, ob für die Implementierung von CAD–Datenhaltungssystemen herkömmliche Datenbanksysteme als Basis benutzt werden können, ist auch in der Frage, ob CAD–Datenhaltungssysteme speziell auf einen Anwendungsfall hin zugeschnitten werden müssen oder anwendungsunabhängig konzipiert werden können, noch keine eindeutige Tendenz erkennbar. Stellvertretend für viele andere soll hier auf zwei Arbeiten eingegangen werden, die diese Frage eingehend behandeln und bis zu einem gewissen Grad zu unterschiedlichen Ergebnissen kommen.

In [Lockemann u.a. 1985] werden die Anforderungen an eine CAD–Datenhaltung für die Anwendungen *VLSI–Entwurf, Software–Engineering, Konstruktiver Maschinenbau* und *Prozeßautomatisierung* eingehend untersucht. Dabei wird festgestellt, daß es für die drei erstgenannten Anwendungen, die unter dem Oberbegriff *Entwurfsautomatisierung* zusammengefaßt werden können, gemeinsame Anforderungen gibt. Insbesondere beim Datenmodell werden aber einige Unterschiede hervorgehoben. So wird z.B. erwähnt, daß die beim VLSI–Entwurf typischerweise auftretenden verschiedenen Repräsentationen eines Entwurfsobjekts beim Software–Entwurf und beim Maschinenbau nicht vorkommen.

Für die Prozeßautomatisierung werden Anforderungen festgestellt, die von denen der Entwurfsautomatisierung sehr stark abweichen. Während hinsichtlich des Datenmodells nur geringe Bedürfnisse bestehen, liegt das Schwergewicht der Anforderungen hier darauf, daß die Datenhaltung auf zeitweise hohe Datenraten reagieren sowie kurze Reaktionszeiten in Stör- und Fehlersituationen des zu überwachenden Prozesses garantieren muß. (In [Fatehi u.a. 1989] wird eine Hauptspeicherdatenbank für Realzeit–Anwendungen beschrieben.)

In [Brown 1988] wird gezeigt, wie ein Schema für den VLSI–Entwurf nahezu unverändert für ein Datenhaltungssystem für den Software–Entwurf verwendet werden kann. Danach besteht eine Analogie zwischen einem Schaltungsentwurf und dem zugehörigen Masken–Layout einerseits und einem Software–Entwurf und der Implementierung in einer bestimmten Programmiersprache andererseits.

Beiden Anwendungsbereichen gemeinsam ist nach Brown die Zerlegung komplexer Entwürfe in Module und die Notwendigkeit, Dokumentationen und Entwicklungsgeschichten (Versionen) verwalten zu können. Kennzeichnend für den VLSI–Entwurf ist, daß darüberhinaus Simulations- und Verbindungsdaten gespeichert werden müssen. Den Simulationsdaten entsprechen beim Software–Entwurf Informationen über den Test und die benutzten Simulationsprozeduren, während die Verbindungsdaten in den Operationen und Datenstrukturen, die die Schnittstellen bilden, über die die verschiedenen Moduln miteinander kommunizieren, ihre Entsprechung finden.

Erwähnenswert ist noch, daß die Schemata auf dem RM/T–Datenmodell implementiert wurden. Dies mag ein Anzeichen dafür sein, daß die Verwendung mächtiger, gleichwohl anwendungsunabhängiger, semantischer Datenmodelle ein erfolgversprechender Weg für die Lösung der Datenhaltungsprobleme in Entwurfssystemen sein könnte. Leider gibt es bisher für derartige Datenmodelle kaum vollständige und effiziente Implementierungen.

Ein weiteres Indiz für diese Tendenz ist die in letzter Zeit sich verstärkende Diskussion des Einsatzes sogenannter objektorientierter Datenmodelle für CAD–Datenhaltungssysteme. Die Situation auf diesem Feld ist aber noch ziemlich unübersichtlich, weil das Attribut *objektorientiert* für Datenmodelle nicht klar definiert ist. Teilweise werden Datenmodelle, wie sie in den Kapiteln 4 und 5 behandelt wurden, neuerdings als objektorientierte Datenmodelle vorgestellt, da sie die Verwaltung komplex strukturierter Objekte unterstützen.

Objektorientierte Datenmodelle im engeren Sinne sind dagegen solche, die das aus dem Bereich der Programmiersprachen bekannte Paradigma der *Objektorientiertheit* übernehmen. Ohne dessen Einzelheiten hier vollständig darstellen zu können, seien die wesentlichen Prinzipien kurz genannt.

Der Grundgedanke objektorientierter Systeme besteht in der Annahme, daß Objekte der realen Welt am effektivsten dadurch modelliert werden können, daß man die ein Objekt beschreibenden Daten zusammen mit den auf ihnen ausführbaren Operationen – Methoden genannt – speichert. Genau wie bei abstrakten Datentypen ist die Manipulation der Objektdaten nur durch die Objektoperationen möglich. Die Objekte tauschen untereinander Nachrichten aus, die die Anwendung von Methoden von Objekten zu Folge haben können, sofern die Nachricht von dem betreffenden Objekt "verstanden" wird.

Jedes Objekt ist ein Exemplar einer Objektklasse. Alle Objekte einer Klasse haben die Methoden gemeinsam. Die Bildung von Klassenhierarchien ist möglich, wobei Klassen Bestandteile (Datenstrukturen und Methoden) von ihren Oberklassen "erben" können.

Während bei der Entwicklung von semantischen Datenmodellen keine spezifischen Anwendungen im Hintergrund standen – erst recht keine der sogenannten Nichtstandard–Anwendungen wie die Entwurfsdatenhaltung – war die Entwicklung objektorientierter Datenbanksysteme von Anfang an geprägt von den Anforderungen der Anwendungsbereiche CAD, Software–Engineering und Büroautomatisierung. Zur Unterstützung dieser Anforderungen wird bei diesen Systemen insbesondere auf die oben erwähnten Konzepte der Datentypen bzw. Datenabstraktion und der Klassenhierarchien einschließlich des Vererbungskonzepts zurückgegriffen. Zu den bekanntesten objektorientierten Datenbanksystemen zählen *GemStone* [Maier u.a. 1986], *Encore* [Zdonik, Wegner 1986] und *Iris* [Fishman u.a. 1987].

Im Datenmodell von *Iris* sind Objekte Ausprägungen von Objekttypen. Jedes Objekt ist eindeutig referenzierbar, unabhängig von den Werten seiner Attribute. Die Typstruktur von *Iris* ist ein gerichteter azyklischer Graph, d.h. jeder Typ kann mehrere Unter- und Obertypen haben. Jeder Typ erbt die Eigenschaften seines Obertyps. Der Benutzer kann jederzeit neue Typen definieren. Zur Typdefinition gehören sowohl die Angabe der Typeigenschaften als auch der Operationen, die auf den Exemplaren des Typs ausführbar sind.

Gegenüber semantischen Datenmodellen, wie z.B. dem RM/T–Modell, zeichnen sich die objektorientierten durch zwei Aspekte aus:

- In semantischen Datenmodellen ist das Typsystem in der Regel nicht erweiterbar, während die Möglichkeit der Definition abstrakter Datentypen zentraler Bestandteil objektorientierter Systeme ist.
- Abstraktionsmechanismen sind in semantischen Datenmodellen rein strukturell ausgerichtet. Damit können nur die statischen Aspekte von Objektstrukturen der realen Welt modelliert werden. In objektorientierten Datenmodellen hingegen weisen die Abstraktionsmechanismen durch die Operationen der Datentypen auch dynamische Aspekte auf.

Eine interessante Gegenüberstellung der Anwendungsmöglichkeiten von semantischen und objektorientierten Datenmodellen für Entwurfsdatenbanken ist in [Brown 1989] zu finden. Dort wird u.a. beschrieben, wie das Datenmodell RM/T um Aspekte der Objektorientierung erweitert werden kann, um den Erfordernissen einer Entwurfsdatenbank (Software–Engineering) gerecht zu werden. Außerdem wird dargelegt, wie das Vorhandensein eines mächtigen Abstraktionsmechanismus bei der Definition einer Werkzeugschnittstelle genutzt werden kann.

Es ist zu erwarten, daß in der Zukunft von der Entwicklung objektorientierter Datenbanksysteme wichtige Impulse für die Lösung der Probleme der Verwaltung von Entwurfsdaten ausgehen werden. Insbesondere die von diesen Systemen bereitgestellten Abstraktionsmechanismen dürften sich vorteilhaft bei der Implementierung einer Werkzeugschnittstelle auswirken, die – wie in Kapitel 6 demonstriert – als eine Sammlung abstrakter Datentypen spezifiziert ist.

Anhang A

ACT ONE–Spezifikation des EDIF–character–set

```
DEF edif_name_char IS
    edif_name_char_set AND int

    OPNS EQ_C
            : edif_name_char_set edif_name_char_set -> bool
        MAKE_INT
            : edif_name_char_set                        -> int

    EQNS
    { 1} FOR ALL c, c', c" IN edif_name_char_set:
        EQ_C(c,c) = TRUE
    { 2} FOR ALL c, c', c" IN edif_name_char_set:
        EQ_C(c,c') = Z_EQ(MAKE_INT(c),MAKE_INT(c'))
    { 3} MAKE_INT(A) = SUCC(0)
    { 4} MAKE_INT(B) = SUCC(MAKE_INT(A))
    { 5} MAKE_INT(C) = SUCC(MAKE_INT(B))
    { 6} MAKE_INT(D) = SUCC(MAKE_INT(C))
    { 7} MAKE_INT(E) = SUCC(MAKE_INT(D))
    { 8} MAKE_INT(F) = SUCC(MAKE_INT(E))
    { 9} MAKE_INT(G) = SUCC(MAKE_INT(F))
    {10} MAKE_INT(H) = SUCC(MAKE_INT(G))
    {11} MAKE_INT(I) = SUCC(MAKE_INT(H))
    {12} MAKE_INT(J) = SUCC(MAKE_INT(I))
    {13} MAKE_INT(K) = SUCC(MAKE_INT(J))
    {14} MAKE_INT(L) = SUCC(MAKE_INT(K))
    {15} MAKE_INT(M) = SUCC(MAKE_INT(L))
    {17} MAKE_INT(O) = SUCC(MAKE_INT(N))
    {18} MAKE_INT(P) = SUCC(MAKE_INT(O))
    {19} MAKE_INT(Q) = SUCC(MAKE_INT(P))
    {20} MAKE_INT(R) = SUCC(MAKE_INT(Q))
    {21} MAKE_INT(S) = SUCC(MAKE_INT(R))
```

```
{22} MAKE_INT(T) = SUCC(MAKE_INT(S))
{23} MAKE_INT(U) = SUCC(MAKE_INT(T))
{24} MAKE_INT(V) = SUCC(MAKE_INT(U))
{25} MAKE_INT(W) = SUCC(MAKE_INT(V))
{26} MAKE_INT(X) = SUCC(MAKE_INT(W))
{27} MAKE_INT(Y) = SUCC(MAKE_INT(X))
{28} MAKE_INT(Z) = SUCC(MAKE_INT(Y))
{29} MAKE_INT(C_A) = SUCC(MAKE_INT(Z))
{30} MAKE_INT(C_B) = SUCC(MAKE_INT(C_A))
{31} MAKE_INT(C_C) = SUCC(MAKE_INT(C_B))
{32} MAKE_INT(C_D) = SUCC(MAKE_INT(C_C))
{33} MAKE_INT(C_E) = SUCC(MAKE_INT(C_D))
{34} MAKE_INT(C_F) = SUCC(MAKE_INT(C_E))
{35} MAKE_INT(C_G) = SUCC(MAKE_INT(C_F))
{38} MAKE_INT(C_J) = SUCC(MAKE_INT(C_I))
{39} MAKE_INT(C_K) = SUCC(MAKE_INT(C_J))
{40} MAKE_INT(C_L) = SUCC(MAKE_INT(C_K))
{41} MAKE_INT(C_M) = SUCC(MAKE_INT(C_L))
{42} MAKE_INT(C_N) = SUCC(MAKE_INT(C_M))
{43} MAKE_INT(C_O) = SUCC(MAKE_INT(C_N))
{44} MAKE_INT(C_P) = SUCC(MAKE_INT(C_O))
{45} MAKE_INT(C_Q) = SUCC(MAKE_INT(C_P))
{46} MAKE_INT(C_R) = SUCC(MAKE_INT(C_Q))
{47} MAKE_INT(C_S) = SUCC(MAKE_INT(C_R))
{48} MAKE_INT(C_T) = SUCC(MAKE_INT(C_S))
{49} MAKE_INT(C_U) = SUCC(MAKE_INT(C_T))
{50} MAKE_INT(C_V) = SUCC(MAKE_INT(C_U))
{51} MAKE_INT(C_W) = SUCC(MAKE_INT(C_V))
{52} MAKE_INT(C_X) = SUCC(MAKE_INT(C_W))
{53} MAKE_INT(C_Y) = SUCC(MAKE_INT(C_X))
{54} MAKE_INT(C_Z) = SUCC(MAKE_INT(C_Y))
{55} MAKE_INT(ZERO) = SUCC(MAKE_INT(C_Z))
{56} MAKE_INT(ONE) = SUCC(MAKE_INT(ZERO))
{57} MAKE_INT(TWO) = SUCC(MAKE_INT(ONE))
{58} MAKE_INT(THREE) = SUCC(MAKE_INT(TWO))
{59} MAKE_INT(FOUR) = SUCC(MAKE_INT(THREE))
{60} MAKE_INT(FIVE) = SUCC(MAKE_INT(FOUR))
{61} MAKE_INT(SIX) = SUCC(MAKE_INT(FIVE))
```

```
    {62} MAKE_INT(SEVEN) = SUCC(MAKE_INT(SIX))
    {63} MAKE_INT(EIGHT) = SUCC(MAKE_INT(SEVEN))
    {64} MAKE_INT(NINE) = SUCC(MAKE_INT(EIGHT))
    {65} FOR ALL c, c', c" IN edif_name_char_set:
         IMPL(UND(EQ_C(c,c'),EQ_C(c',c")),EQ_C(c,c"))
         = TRUE
END OF DEF


DEF edif_name_char_set IS

    SORTS edif_name_char_set

    OPNS A, B, C, D, E, F, G, H :   -> edif_name_char_set
         I, J, K, L, M, N, O, P :   -> edif_name_char_set
         Q, R, S, T, U, V, W, X :   -> edif_name_char_set
         Y, Z                   :   -> edif_name_char_set
         C_A, C_B, C_C, C_D, C_E :  -> edif_name_char_set
         C_F, C_G, C_H, C_I, C_J :  -> edif_name_char_set
         C_K, C_L, C_M, C_N, C_O :  -> edif_name_char_set
         C_P, C_Q, C_R, C_S, C_T :  -> edif_name_char_set
         C_U, C_V, C_W, C_X, C_Y :  -> edif_name_char_set
         C_Z                    :   -> edif_name_char_set
         ZERO                   :   -> edif_name_char_set
         ONE                    :   -> edif_name_char_set
         TWO                    :   -> edif_name_char_set
         THREE                  :   -> edif_name_char_set
         FOUR                   :   -> edif_name_char_set
         FIVE                   :   -> edif_name_char_set
         SIX                    :   -> edif_name_char_set
         SEVEN                  :   -> edif_name_char_set
         EIGHT                  :   -> edif_name_char_set
         NINE                   :   -> edif_name_char_set
         PERCENT_SIGN           :   -> edif_name_char_set
END OF DEF
```

Anhang B

ACT ONE–Spezifikation der ganzen Zahlen und des Datentyps bool

```
DEF int IS
    basic_int AND bool

    OPNS Z_MINUS : int           -> int
         Z_ABS   : int           -> int
         Z_DIV   : int int        -> int
         Z_LT    : int int        -> bool
         Z_EQ    : int int        -> bool
         Z_ITE   : bool int int -> int


    EQNS
    { 1} Z_MINUS(0) = 0
    { 2} FOR ALL n IN int:
         Z_MINUS(SUCC(n)) = PRED(Z_MINUS(n))
    { 3} FOR ALL n IN int:
         Z_MINUS(PRED(n)) = SUCC(Z_MINUS(n))
    { 4} Z_ABS(0) = 0
    { 5} FOR ALL n IN int:
         Z_ABS(n) = Z_ITE(Z_LT(n,0),Z_MINUS(n),n)
    { 6} FOR ALL n, n' IN int:
         Z_LT(0,0) = FALSE
    { 7} FOR ALL n, n' IN int:
         Z_LT(SUCC(n),SUCC(n')) = Z_LT(n,n')
    { 8} FOR ALL n, n' IN int:
         Z_LT(PRED(n),PRED(n')) = Z_LT(n,n')
    { 9} FOR ALL n, n' IN int:
         Z_LT(0,SUCC(0)) = TRUE
    {10} FOR ALL n, n' IN int:
         Z_LT(0,PRED(0)) = FALSE
    {11} FOR ALL n, n' IN int:
         Z_LT(SUCC(0),0) = FALSE
```

```
{12} FOR ALL n, n' IN int:
     Z_LT(PRED(O),O) = TRUE
{13} FOR ALL n, n' IN int:
     Z_LT(SUCC(O),PRED(O)) = FALSE
{14} FOR ALL n, n' IN int:
     Z_LT(PRED(O),SUCC(O)) = TRUE
{15} FOR ALL n, n' IN int:
     Z_LT(n,SUCC(SUCC(n')))
     = ITE(Z_LT(n,SUCC(n')),TRUE,
           Z_LT(PRED(n),SUCC(n')))
{16} FOR ALL n, n' IN int:
     Z_LT(SUCC(SUCC(n)),n')
     = ITE(Z_LT(SUCC(n),n'),
           Z_LT(SUCC(n),PRED(n')),FALSE)
{17} FOR ALL n, n' IN int:
     Z_LT(PRED(PRED(n)),n')
     = ITE(Z_LT(PRED(n),n'),TRUE,
           Z_LT(PRED(n),SUCC(n')))
{18} FOR ALL n, n' IN int:
     Z_LT(n,PRED(PRED(n')))
     = ITE(Z_LT(n,PRED(n')),
           Z_LT(SUCC(n),PRED(n')),FALSE)
{19} FOR ALL n, n' IN int:
     Z_EQ(O,O) = TRUE
{20} FOR ALL n, n' IN int:
     Z_EQ(SUCC(n),O) = FALSE
{21} FOR ALL n, n' IN int:
     Z_EQ(O,SUCC(n)) = FALSE
{22} FOR ALL n, n' IN int:
     Z_EQ(SUCC(n),SUCC(n')) = Z_EQ(n,n')
{23} FOR ALL n, n' IN int:
     Z_EQ(PRED(n),O) = FALSE
{24} FOR ALL n, n' IN int:
     Z_EQ(O,PRED(n)) = FALSE
{25} FOR ALL n, n' IN int:
     Z_EQ(PRED(n),PRED(n')) = Z_EQ(n,n')
{26} FOR ALL n, n' IN int:
     Z_EQ(SUCC(O),PRED(O)) = FALSE
```

```
{27} FOR ALL n, n' IN int:
     Z_EQ(PRED(O),SUCC(O)) = FALSE
{28} FOR ALL n, n' IN int:
     Z_EQ(SUCC(n),PRED(n')) = Z_EQ(n,PRED(PRED(n')))
{29} FOR ALL n, n' IN int:
     Z_EQ(PRED(n),SUCC(n')) = Z_EQ(n,SUCC(SUCC(n')))
{30} FOR ALL n, n' IN int:
     Z_ITE(TRUE,n,n') = n
{31} FOR ALL n, n' IN int:
     Z_ITE(FALSE,n,n') = n'
{32} FOR ALL n, n' IN int:
     Z_DIV(n,n')
     = Z_ITE(XOR(Z_LT(n,O),Z_LT(n',O)),
             Z_MINUS(Z_DIV(Z_ABS(n),Z_ABS(n'))),
        Z_ITE(Z_LT(Z_ABS(n),Z_ABS(n')),
              O,
              SUCC(Z_DIV(Z_SUB(Z_ABS(n),Z_ABS(n')),
                         Z_ABS(n')))))

END OF DEF


DEF basic_int IS
    absolute_basic_int

    OPNS Z_ADD, Z_SUB : int int -> int
         Z_MULT       : int int -> int

    EQNS
    {1} FOR ALL n, n' IN int:
        Z_ADD(n,O) = n
    {2} FOR ALL n, n' IN int:
        Z_ADD(n,SUCC(n')) = SUCC(Z_ADD(n,n'))
    {3} FOR ALL n, n' IN int:
        Z_ADD(n,PRED(n')) = PRED(Z_ADD(n,n'))
    {4} FOR ALL n, n' IN int:
        Z_SUB(n,O) = n
    {5} FOR ALL n, n' IN int:
        Z_SUB(n,SUCC(n')) = PRED(Z_SUB(n,n'))
```

```
    {6} FOR ALL n, n' IN int:
        Z_SUB(n,PRED(n')) = SUCC(Z_SUB(n,n'))
    {7} FOR ALL n, n' IN int:
        Z_MULT(n,0) = 0
    {8} FOR ALL n, n' IN int:
        Z_MULT(n,SUCC(n')) = Z_ADD(Z_MULT(n,n'),n)
    {9} FOR ALL n, n' IN int:
        Z_MULT(n,PRED(n')) = Z_SUB(Z_MULT(n,n'),n)
END OF DEF


DEF absolute_basic_int IS

    SORTS int

    OPNS 0    :       -> int
         SUCC : int -> int
         PRED : int -> int

    EQNS
    {1} FOR ALL n IN int:
        PRED(SUCC(n)) = n
    {2} FOR ALL n IN int:
        SUCC(PRED(n)) = n
END OF DEF


DEF bool IS
    basic_bool

    FORMAL OPNS NON         : bool            -> bool
               UND, OR      : bool bool       -> bool
               XOR, NAND    : bool bool       -> bool
               IMPL, EQUIV  : bool bool       -> bool
               ITE          : bool bool bool -> bool
    FORMAL EQNS
    { 1} FOR ALL b, b' IN bool:
        ITE(TRUE,b,b') = b
```

```
    { 2} FOR ALL b, b' IN bool:
         ITE(FALSE,b,b') = b'
    { 3} FOR ALL b, b' IN bool:
         NON(TRUE) = FALSE
    { 4} FOR ALL b, b' IN bool:
         NON(FALSE) = TRUE
    { 5} FOR ALL b, b' IN bool:
         UND(TRUE,b) = b
    { 6} FOR ALL b, b' IN bool:
         UND(FALSE,b) = FALSE
    { 7} FOR ALL b, b' IN bool:
         OR(TRUE,b) = TRUE
    { 8} FOR ALL b, b' IN bool:
         OR(FALSE,b) = b
    { 9} FOR ALL b, b' IN bool:
         XOR(TRUE,b) = NON(b)
    {10} FOR ALL b, b' IN bool:
         XOR(FALSE,b) = b
    {11} FOR ALL b, b' IN bool:
         NAND(TRUE,b) = b
    {12} FOR ALL b, b' IN bool:
         NAND(FALSE,b) = NON(b)
    {13} FOR ALL b, b' IN bool:
         IMPL(b,b') = OR(NON(b),b')
    {14} FOR ALL b, b' IN bool:
         EQUIV(b,b') = UND(IMPL(b,b'),IMPL(b',b))
END OF DEF


DEF basic_bool IS

    FORMAL SORTS bool
    FORMAL OPNS TRUE, FALSE :  -> bool
END OF DEF
```

Anhang C

ACT ONE–Spezifikation des Vier–Tupel

```
DEF c_4_tuple[d_s1'd_s2'd_s3'd_s4] IS

    FORMAL SORTS f_s1, f_s2, f_s3, f_s4

    SORTS c_4_tuple

    OPNS C_4_TUPLE : f_s1 f_s2 f_s3 f_s4 -> c_4_tuple
         C_P1       : c_4_tuple          -> f_s1
         C_P2       : c_4_tuple          -> f_s2
         C_P3       : c_4_tuple          -> f_s3
         C_P4       : c_4_tuple          -> f_s4

    EQNS
    {1} FOR ALL t1 IN f_s1; t2 IN f_s2; t3 IN f_s3;
             t4 IN f_s4:
        C_P1(C_4_TUPLE(t1,t2,t3,t4)) = t1
    {2} FOR ALL t1 IN f_s1; t2 IN f_s2; t3 IN f_s3;
             t4 IN f_s4:
        C_P2(C_4_TUPLE(t1,t2,t3,t4)) = t2
    {3} FOR ALL t1 IN f_s1; t2 IN f_s2; t3 IN f_s3;
             t4 IN f_s4:
        C_P3(C_4_TUPLE(t1,t2,t3,t4)) = t3
    {4} FOR ALL t1 IN f_s1; t2 IN f_s2; t3 IN f_s3;
             t4 IN f_s4:
        C_P4(C_4_TUPLE(t1,t2,t3,t4)) = t4
END OF DEF
```

Anhang D

Syntax von ACT ONE

Es wird zur Notation der Regeln eine erweiterte Backus-Naur Form verwendet.
Dabei sind folgende Konventionen eingehalten: Nonterminals stehen in spitzen
Klammern (z.B. <def>); optionale Regelteile sind in eckigen Klammern eingeschlossen (z.B. [USING <repl>]); Regelteile, die beliebig oft wiederholt werden
können, sind in geschwungenen Klammern gefolgt von einem '+' geschrieben
(z.B. {<def>}+). Falls die Folge auch leer sein kann, steht ein '*' hinter der
Klammer (z.B. {<name> AND}*). Alle übrigen Zeichen sind terminale Zeichen,
die genau in dieser Form im Text auftauchen sollen, d.h. z.B. alle Schlüsselwörter
müssen groß geschrieben werden.

Regeln:

```
(0)  <spectext> ::= ACT TEXT {<def>}+
                        [ USES FROM LIBRARY <namelist> ]
                    END OF TEXT
(1)  <def>       ::= DEF <name> IS
                        <pexpr>
                    END OF DEF
(2)  <pexpr>     ::= <name> ACTUALIZED BY <namexpr>
                        [ USING <repl> ]
(3)  <pexpr>     ::= [ <namexpr> ] <pspec>
(4)  <pexpr>     ::= <name> RENAMED BY <repl>
(5)  <pspec>     ::= [ FORMAL SORTS <namelist>      ]
                     [ FORMAL OPNS {<operation>}+ ]
                     [ FORMAL EQNS {<equation>}+  ]
                     [ SORTS <namelist>            ]
                     [ OPNS {<operation>}+         ]
                     [ EQNS {<equation>}+          ]
(6)  <namexpr>   ::= {<name> AND}*  <name>
(7)  <repl>      ::= [ SORTNAMES <repllist> ]
                     [ OPNAMES   <repllist> ]
(8)  <repllist> ::= { <name> FOR <name> }+
(9)  <operation>::= <namelist>: {<name>}* -> <name>
```

```
(10) <equation>  ::= [ FOR ALL <vardecl> : ]
                     <term> = <term>
(11) <vardecl>   ::= { <namelist> IN <name> ; }*
(12) <term>      ::= <name> [ ( {<term> ,}* <term> ) ]
(13) <namelist>  ::= { <name> , }* <name>
```

Literaturverzeichnis

Astrahan M.M. u.a. 1976:

> System R: Relational Approach to Database Management, ACM Transactions on Database Systems 1, 1976, S. 97–137

Barabino, G.P., Barabino, G.S., Bisio, G., Marchesi, M. 1984:

> A Modular System for Data Mangement in VLSI Design, Proc. IEEE International Conference on Computer Design: VLSI in Computers, Oktober 1984, S. 796–801

Batory, D.S., Buchmann, A.P. 1984:

> Molecular Objects, Abstract Data Types, and Data Models: A Framework, Proc. of the Tenth International Conference on Very Large Databases, August 1984, S. 172–184

Batory, D.S., Kim, W. 1985:

> Modelling Concepts for VLSI CAD Objects, ACM Transactions on Database Systems 10, September 1985, S. 322–346

Bennett, J. 1982:

> A Database Management System for Design Engineers, Proc. 19. ACM IEEE Design Automation Conference, 1982, S. 268–273

Berkel, T., Klahold, P., Schlageter, G., Wilkes, W. 1987:

> Modelling CAD–Objects by Abstraction, Bericht der FernUniversität Hagen, 1987

Bouillon, D., Klahold, P., Schlageter, G. 1986:

> Entwurf einer EDIF–Schnittstelle zum relationalen Datenbanksystem INGRES, GMD–Studie Nr. 100, 2. EIS–Workshop, 1986, S. 328–341

Brown, A.W. 1988:

> The Relationship between CAD and Software Development Support – a Database Perspective, Computer–Aided Engineering Journal, Dezember 1988

Brown, A.W. 1989:

> From Semantic Data Models to Object Orientation in Design Databases, Information and Software Technology, Vol. 31, No. 1, Januar 1989

Chamberlin, D.D. u.a. 1976:

SEQUEL 2: A Unified Approach to Data Definition, Manipulation, and Control, IBM Journal R&D 20, No. 6, 1976

Chen, G.-D., Parng, T.-M. 1988:

A Database Management System for a VLSI Design System, Proc. 25. ACM IEEE Design Automation Conference, 1988, S. 257–262

Chen, P.P. 1976:

The Entity–Relationsship Model - Toward a Unified View of Data, ACM Transactions on Database Systems 1, März 1976, S. 9–36

Codd, E.F. 1970:

A Relational Model of Data for Large Shared Databanks, Communications of the ACM, Vol. 13, No. 6, Juni 1970, S. 377–387

Codd, E.F. 1971a:

A Database Sublanguage Founded on the Relational Calculus, Proc. of the ACM SIGFIDET Workshop on Data Description Access and Control, 1971, S. 35–68

Codd, E.F. 1971b:

Further Normalization of the Database Relational Model, Courant Computer Science Symposia 6, 1971, S. 33–64

Codd, E.F. 1971c:

Relational Completeness of Database Sublanguages, Courant Computer Science Symposia 6, 1971, S. 65–98

Codd, E.F. 1979:

Extending the Database Relational Model to Capture More Meaning, ACM Transactions on Database Systems, Vol 4, No. 4, Dezember 1979, S. 397–434

Date, C.J. 1977:

An Introduction to Database Systems, Addison-Wesley Publishing Company, 1977

Denny, G.H. 1977:

An Introduction to SQL, A Structured Query Language, Tech. Rep. RA93 (28099), IBM Res. Lab., San Jose, CA, 1977

Dittrich, K.R., Kotz, A.M., Mülle, J.A. 1985:

DAMASCUS – ein Datenhaltungssystem für den VLSI–Entwurf, Proc. Datenbank–Systeme für Büro, Technik und Wissenschaft, Informatik Fachberichte Nr. 94, Springer Verlag, S. 70–72, März 1985

Eberlein, W. 1984:

CAD-Datenbanksysteme, Springer Verlag, 1984

EDIF 1987:

EDIF, Electronic Design Interchange Format, Version 200, EDIF Steering Commitee, 1987

Ehrig, H., Fey, W., Hansen, H. 1983:

ACT ONE: An Algebraic Specification Language with Two Levels of Semantics, Forschungsbericht des FB Informatik Nr. 83–03, TU Berlin, 1983

Ehrig, H., Kreowski, H.-J., Padawitz, P. 1979:

Algebraische Implementierung abstrakter Datentypen, Bericht–Nr. 79-3 des FB Informatik der TU Berlin, März 1979

Ehrig, H., Kreowski, H.-J., Weber H. 1978:

Algebraic Specification Schemes for Data Base Systems, Proc. of the Fourth International Conference on Very Large Databases, 1978

Ehrig, H., Mahr, B. 1985:

Fundamentals of Algebraic Specifications 1, Monographs in Computer Science Vol. 6, Springer Verlag, 1985

Eurich, J.P. 1986:

A Tutorial Introduction to the Electronic Design Interchange Format, Proc. 23. ACM IEEE Design Automation Conference, 1986, S. 327–333

Fatehi, F., Givens, E., Hong, L.T., Light, M.R., Liu, C.C., Wright, M.J. 1989:

A Data Base for Real-Time Applications and Environments, Hewlett-Packard Journal, Juni 1989

Felix, R., Höffmann, A., Klahold, P., Schlageter, G. 1986:

Vergleich verschiedener CIF-Darstellungen im relationalen Datenbankmodell am Beispiel des Layout–Editors KIC, GMD-Studie Nr. 100, 2. E.I.S.–Workshop, 1986, S. 342–353

Fishman, D. H. u.a. 1987:

Iris: An Object–Oriented Database Management System, ACM Transactions on Office Information Systems, Vol. 5, No. 1, Januar 1987, S. 48–69

Gottheil, K. u.a. 1988:

The Cadlab Workstation CWS – An Open Generic System for Tool Integration, in Rammig, F.J.: Tool Integration and Design Environments, Proc. of the IFIP WG, 1988

Guttmann, A., Stonebraker, M. 1982:

Using a Relational Database Management System for Computer Aided Design Data, IEEE Database Engineering Bulletin, 1982, S. 155–162

Härder, T., Reuter, A. 1985:

Architektur von Datenbanksystemen für Non–Standard–Anwendungen, Proc. Datenbank–Systeme für Büro, Technik und Wissenschaft, Informatik Fachberichte Nr. 94, Springer Verlag, S. 253–286, März 1985

Hallmark, G., Lorie, R.A. 1984:

Towards VLSI Design Systems Using Relational Databases, Digest of Papers Compcon Spring 84, 28. IEEE Computer Society International Conference, 1984, S. 326–329

Hardwick, M. 1984:

Extending the Relational Database Data Model for Design Applications, Proc. 21. ACM IEEE Design Automation Conference, 1984, S. 110–116

Haskin, R.L., Lorie, R.A. 1982:

On Extending the Functions of a Relational Database System, Proc. ACM Sigmod Conference on Management of Data, 1982, S. 207–212

Haynie, M.N. 1981:

The Relational/Network Hybrid Data Model for Design Automation Databases, Proc. 18. ACM IEEE Design Automation Conference, 1981, S. 646–652

Haynie, M.N. 1983a:

Taco User's Guide, Amdahl Software Specification P/N 819043–600, 1983

Haynie, M.N. 1983b:

> The Relational Data Model for Design Automation Databases, Proc.
> 20. IEEE Design Automation Conference, 1983, S. 599–607

Held, G.D., Stonebraker, M.R., Wong, E. 1975:

> INGRES: A Relational Data Base System, Proc. AFIPS NCC, Vol. 44,
> AFIPS Press, Montvale, N.J., 1975

Hörbst, E., Nett, M., Schwärtzel, H. 1986:

> VENUS Entwurf von VLSI-Schaltungen, Springer–Verlag, 1986

Hollaar, L., Nelson, B., Carter, T., Lorie, R.A. 1984:

> The Structure of a Relational Database System in a Cell–Oriented Inte-
> grated Circuit Design System, Proc. 21. ACM IEEE Design Automation
> Conference, 1984, S. 117–125

Informix Software Inc. 1987 a:

> INFORMIX-SQL for the VMS Operating System – Relational Database
> Management System User's Guide, Oktober 1987

Informix Software Inc. 1987 b:

> INFORMIX-SQL for the VMS Operating System – Relational Database
> Management System Reference Manual, Oktober 1987

Jullien, C., Leblond, A.:

> CVT–Project Data Base Interface Reference Manual

Katz, R.H. 1982:

> A Database Approach for Managing VLSI Design Data, Proc. 19. ACM
> IEEE Design Automation Conference, 1982, S. 274–282

Katz, R.H. 1983:

> Managing the Chip Design Database, Computer, Dezember 1983, S.
> 26–36

Katz, R.H. 1984:

> Transaction Management in the Design Environment, in Gardarin, G.,
> Gelenbe, E.: New Applications of Data Bases, Academic Press London,
> 1984, S. 259–273

Katz, R.H., Anwarrudin, M., Chang, E. 1986:

A Version Server for Computer–Aided Design Data, Proc. 23. ACM IEEE Design Automation Conference, 1986, S. 27–33

Katz, R.H., Weiss, S. 1984:

Design Transaction Management, Proc. 21. ACM IEEE Design Automation Conference, 1984, S. 692–693

Keller, K. 1981:

KIC: A Graphics Editor for Integrated Circuits, Masters Thesis, Dept. of Electrical Engineering and Computer Science, University of California, Juni 1981

Kemper, A. 1987:

Abstract Data Types in Geometrical Databases, Proc. of the Twentieth Annual Hawaii International Conference on System Sciences, 1987, S. 453–463

Kim, W., Lorie, R., McNabb, D., Plouffe, W. 1983:

Nested Transactions for Engineering Design Databases, IBM Research Report RJ3934, San Jose, 1983

King, R., McLeod, D. 1982a:

A Unified Model and Methodology for Conceptual Database Design and Evolution, Springer–Verlag, 1982

King, R., McLeod, D. 1982b:

The Event Database Specification Model, Proc of the Second International Conference on Databases: Improving Usability and Responsiveness, Jerusalem, Juni 1982

Klahold, P., Schlageter, G., Weiss, B., Wilkes, W. 1988:

Towards an EDIF-oriented Database Management System, Proc. of the Second European EDIF Forum, Amsterdam, Oktober 1988

Kreowski, H.-J. 1981:

Algebraische Spezifikation von Softwaresystemen, in Berichte des German Chapter of the ACM, Band 5, S. 46–74 (Konferenzband: Software Engineering – Entwurf und Spezifikation, Berlin 1980), Teubner, Stuttgart, 1981

Liskov, B., Zilles, S.N. 1974:

Programming with Abstract Data Types, SIGPLAN Notices 9 (1974), No. 4, S. 50–59

Lockemann, P.C. u.a. 1985:

Anforderungen technischer Anwendungen an Datenbanksysteme, Proc. Datenbank–Systeme für Büro, Technik und Wissenschaft, Informatik Fachberichte Nr. 94, Springer Verlag, S. 1–26, März 1985

Loomis, D.F. 1983:

A Distributed System for VLSI Design, IEEE International Conference on Computer–Aided Design ICCAD–83, Digest of Technical Papers, 1983, S. 117–118

Lorentzi, S. 1988:

A Conceptual Design Data Model Based on EDIF 200, Proc. of the Second European EDIF Forum, Amsterdam, Oktober 1988

Lorie, R.A., Plouffe, W. 1983:

Complex Objects and Their Use in Design Transactions, Proc. ACM Sigmod Conference Data Bases for Engineering Design, 1983, S. 115–121

Lüke, B., Bever, M. 1985:

Ein prozedurorientiertes Datenmodell für CAD–Anwendungen und seine Realisierung mittels konventioneller Datenbanksoftware und Ada, Proc. Datenbank–Systeme für Büro, Technik und Wissenschaft, Informatik Fachberichte Nr. 94, Springer Verlag, S. 127–146, März 1985

Maier, D. 1983:

The Theory of Relational Databases, Computer Science Press, 1983,

Maier, D., Stein, J., Otis, A., Purdy, A. 1986:

Development of an Object–Oriented DBMS, Proc. Object-Oriented Programming Systems, Languages, and Applications, ACM, September 1986, S. 472–482

McLeod, D., Narayanaswami, K., Bapa Rao, K.V. 1983:

An Approach to Information Management for CAD/VLSI Applications, Databases for Engineering Aplications, ACM Database Week, Mai 1983, S. 39–50

McLeod, D., Narayanaswami, K., Bapa Rao, K.V. 1984:

An Approach to Information Management for CAD/VLSI Applications, Digest of Papers Compcon Spring 84, 28. IEEE Computer Society International Conference, 1984, S. 330–334

Mead, C., Conway, L. 1980:

Introduction to VLSI Systems, Addison–Wesley Publishing Company, Oktober 1980

Meier, A. 1987:

Erweiterung relationaler Datenbanksysteme für technische Anwendungen, Informatik Fachberichte Nr. 135, Springer Verlag, 1987

Miller, J. 1988:

The Role of EDIF in an Integrated CAD Environment, Proc. of the Second European EDIF Forum, Amsterdam, Oktober 1988

Mitschang, B. 1987:

MAD – ein Datenmodell für den Kern eines Non–Standard–Datenbanksystems, Proc. Datenbank–Systeme für Büro, Technik und Wissenschaft, Informatik Fachberichte Nr. 136, Springer Verlag, S. 180–195, April 1987

Nebel, W. 1986:

EDIF – bald ein neuer Standard?, Elektronik 24, 1986

Piloty, R., Weber, B. 1987:

IREEN – eine unviverselle Datenbank–Schnittstelle für CAD–Werkzeuge, in Ungerer, M.H.: CAD–Schnittstellen und Datentransferformate im Elektronik–Bereich, Springer–Verlag, 1987, S. 13–28

Pistor, P., Andersen, F. 1986:

Designing a Generalized NF^2 Model with an SQL–Type Language Interface, Proc. of the Twelfth International Conference on Very Large Data Bases, Kyoto, August 1986, S. 278–285

Racal–Redac a:

VISULA User's Guide to Circuit Design

Racal–Redac b:

VISULA User's Guide to PCB Design

Racal-Redac c:

VISULA User's Guide to Central Database

Schek, H.-J., Scholl, M. H. 1986:

The Relational Model with Relation-Valued Attributes, Information Systems, Vol. 11, No. 2, 1986

Schlageter, G., Stucky, W. 1983:

Datenbanksysteme: Konzepte und Modelle, Teubner–Verlag, 1983

Schmid, D., Wojtkowiak, H. 1986:

Entwurf integrierter Schaltungen: Das Projekt E.I.S., it Informationstechnik, Nr. 3, 1986

Schmidt, K.-H. 1987a:

Einführung in den Integrated Circuits Editor, interner Bericht, FB Elektrotechnik, Universität–Gesamthochschule Siegen, 1987

Schmidt, K.-H. 1987b:

Integrated Circuits Editor Command Reference Manual, interner Bericht, FB Elektrotechnik, Universität–Gesamthochschule Siegen, 1987

Siepmann, E. 1989:

Eine objektorientierte Datenbankmodellierung für den VLSI–Entwurf, Proc. Datenbank–Systeme für Büro, Technik und Wissenschaft, Informatik Fachberichte Nr. 136, Springer Verlag, S. 289–294, März 1989

Smith, J.M., Smith, D.S.P. 1977a:

Database Abstractions: Aggregation, Communications of the ACM, Vol. 20, No. 6, Juni 1977, S. 405–413

Smith, J.M., Smith, D.S.P. 1977b:

Database Abstractions: Aggregation and Generalization, ACM Transactions on Database Systems, Vol. 2, No. 2, Juni 1977, S. 105–133

Stonebraker, M., Rubenstein, B., Guttmann, A. 1983:

Applications of Abstract Data Types and Abstract Indices to CAD Databases, Databases for Engineering Applications, ACM Database Week, Mai 1983, S. 107–113

Teorey, T.J., Yang, D., Fry, J.P. 1986:

A Logical Design Methodology for Relational Databases Using the Extended Entity–Relationship Model, ACM Computing Surveys, Vol. 18, No. 2, Juni 1986

UKEDIFSP, The UK EDIF Support Project 1988:

Using EDIF V 2 0 0, Part 2: EDIF V 2 0 0 Implementation Considerations, STC Technology Ltd., 1988

Weber, B. 1986:

Einsatz von IREEN für ein integriertes Entwurfssystem, GMD–Studie Nr. 100, 2. E.I.S.–Workshop, 1986, S. 354–364

Weiss, S., Rotzell, K., Rhyne, T. Goldfein, A. 1986:

DOSS: A Storage System for Design Data, Proc. 23. ACM IEEE Design Automation Conference, 1986, S. 41–47

Wiederhold, G., Beetem, A.F., Short, G.E. 1982:

A Database Approach to Communication in VLSI Design, IEEE Transactions on Computer Aided Design of Integrated Cicuits and Systems, Vol. CAD-1, No. 2, Apr. 1982

Wilkes, W. 1989:

DASSY – Data Transfer and Interfaces for Open Integrated VLSI–Design Systems, Proc. Third European EDIF Forum, Bonn/Königswinter, Oktober 1989

Zdonik, S. B., Wegner P. 1986:

Language and Methodology for Object–Oriented Database Environments, Proc. of the Nineteenth Annual Hawaii International Conference on System Sciences, Honolulu, Januar 1986, S. 378–387

Index